高等工科院校精品教材

概 率 论

主　编 李体政
副主编 赵彦晖　彭家龙

中国建材工业出版社

图书在版编目（CIP）数据

概率论/李体政主编 . --北京：中国建材工业出
版社，2022.5（2025.1重印）
高等工科院校精品教材
ISBN 978-7-5160-3403-3

Ⅰ.①概… Ⅱ.①李… Ⅲ.①概率论－高等学校－教
材 Ⅳ.①O211

中国版本图书馆 CIP 数据核字（2021）第 247802 号

内 容 简 介

本书内容包括随机事件及其概率、随机变量及其概率分布、随机向量及其概率分布、随机变量的函数及其数值模拟、随机变量的数字特征、大数定律与中心极限定理等。

本书内容简明扼要，概念引入自然实用，符合教学实际的需要。在讲述离散型随机变量的概率分布时，采用图、表、公式相结合的方式，既减少了长篇烦冗的论述，又适合实际教学使用，容易被学生理解和掌握。

本书可作为高等工科院校数学与应用数学专业、信息与计算科学专业、数据科学与大数据技术专业、应用统计学专业本科生概率论课程的教材或参考书，也可作为有关科技和工程人员的参考书。

概率论
Gailülun
主　编　李体政
副主编　赵彦晖　彭家龙

出版发行：中国建材工业出版社
地　　址：北京市西城区白纸坊东街 2 号院 6 号楼
邮　　编：100054
经　　销：全国各地新华书店
印　　刷：北京雁林吉兆印刷有限公司
开　　本：787mm×1092mm　1/16
印　　张：9.25
字　　数：220 千字
版　　次：2022 年 5 月第 1 版
印　　次：2025 年 1 月第 2 次
定　　价：**49.80 元**

前　言

　　本书是为适应 21 世纪数学课程改革的需要，在作者多年讲授"概率论"课程的基础上编写而成的。

　　本书具有以下特点：

　　(1) 概念引入自然直观。如在建立概率公理化定义时，以频率为先导，由频率的性质自然引入概率的公理化定义，使学生能较早地、自然地接受公理化的概率定义。再比如在建立随机变量的数学期望定义时，先由一个特殊的离散型随机变量出发，引出一般的离散型随机变量的数学期望的定义，然后借助于离散化处理方法给出连续型随机变量的数学期望的定义，最后利用黎曼-斯蒂尔杰斯积分给出一般随机变量的数学期望定义，这样做的好处是便于后面数学期望性质及第 5 章 5.2 节中切比雪夫不等式的证明。

　　(2) 内容组织科学系统。作为一本面向 21 世纪的高等院校数学教材，本书特别注重内容组织的科学性和系统性。概率论之所以能成为一门科学理论，其核心就在于它的公理化体系。本书把这一核心安排在引入概率概念的开始，不但使本书突显科学化、系统化，而且使学生通过各种具体概率的反复计算加深对概率公理化体系的理解。也正是由于概率公理化定义的较早建立，避免了各种概率定义的重复出现（历史上形成的古典概率定义和几何概率定义在本书中已不再是定义，而是定理）。本书实现了概率定义的归一化、统一化，降低了理解难度，同时也优化了课程体系。

　　(3) 叙述简明扼要，易于教学。作为高等学校的数学专业教材，在引入新概念时尽量展现概念的形成过程，以利于学生理解。另外，在讲述离散型随机变量及其概率分布时，引入了分布矩阵的概念，使问题描述得更加简练。在讲述随机变量的概率分布时，尽量采用图、表、公式相结合的方式，既减少了篇幅，又易于学生理解和掌握。

　　(4) 注意渗透现代数学的概念和术语，以拓宽学生的知识面和视野。例如，在几何概型的定义中采用了测度的提法。这样讲，不但不会增加理解的难度，反而拓宽了几何概型的应用范围，为后来证明条件概率计算公式埋下了伏笔。在讲述随机变量的概率密度函数概念和大数定律等内容时，引入几乎处处存在和依概率收敛的现象，这样，不但使问题描述得更加准确，而且让学生在几乎不增加什么负担的情况下了解到更多的现代数学术语。

（5）结合计算机的发展，适当添加与计算机有关的内容。作为随机变量函数的应用，本书在第4章介绍了随机变量函数在随机变量数值模拟方面的一些应用，使学生能接触到与计算机有关的一些现代数学内容。如：在4.3节介绍均匀随机数的产生，在4.4节介绍任意随机变量的模拟，在4.5节介绍概率模型在近似计算中的应用。当然，这3节内容均属选讲，用*号标出，供读者参考。

（6）重视理论和实际的结合，注重学生能力的培养。本书不但在理论上注重内容编排的系统性，而且在选材和叙述上尽量针对一般院校的需要，注意选取既具有实际意义又具有启发性和应用性的例子作为本书的例题与习题，使学生通过本课程能学到更丰富、更有用的数学知识及锻炼更强的运用数学工具的能力。

本书可作为高等工科院校数学与应用数学专业、信息与计算科学专业、数据科学与大数据技术专业、应用统计学专业本科生概率论课程的教材或参考书，也可作为有关科技和工程人员的参考书。本书各章配有精选的习题，数量、难度适中，书后附有习题参考答案。

本书的第1章和第2章由李体政编写，第3章和第4章由彭家龙编写，第5章和第6章由赵彦晖编写。全书由李体政统稿，书后习题参考答案和附录由彭家龙完成，插图由赵彦晖制作。

在本书的编写过程中，我们参考了一些国内外同类优秀教材，借鉴了一些成功做法。本书的编写是在赵彦晖教授大力倡导和悉心指导下进行的，大到框架构思、小到例题选取，都凝聚着赵彦晖教授的心血和汗水，在此特别表示感谢。由于编者水平有限，书中如有不妥之处，恳请读者批评指正。

编　者
2022 年 4 月

目　　录

1 随机事件及其概率

自然界和社会上发生的现象是多种多样的．有一类现象，在一定条件下必然发生，例如，向上抛一颗石子，石子必然下落；水在标准大气压下加热到100℃就沸腾．这类现象称为确定性现象．自然界和社会上还存在着另一类现象，例如，远距离射击较小的目标，可能击中，也可能击不中，每一次射击的结果是随机（偶然）的；自动车床加工出来的机械零件，可能是合格品，也可能是废品．这类在一定条件下，可以重复试验或观察，且能预先确定所有可能的结果（所有可能的结果是明确可知的，并不止一个），但每次试验的结果不能事先预知，而大量重复试验的结果却能呈现出某种规律性的现象，称为随机现象．与之相应的试验或观察统称为随机试验，简称为试验．

概率论是研究和揭示随机现象统计规律性的一门数学学科．

1.1 样本空间与随机事件

从本节开始，我们将逐步引进概率论的一些概念，其中样本空间与随机事件是最基本的两个概念．

1.1.1 样本空间与随机事件

在科学研究和工程技术中，我们遇到的随机现象是各种各样的，与之相应的随机试验也是多种多样的，例如：

E_1：将一枚硬币抛掷两次，观察正、反面出现的情况；

E_2：将一枚硬币抛掷两次，观察正面出现的次数；

E_3：在东、西、南、北四面同样受敌时，同时选择两个方向突围；

E_4：抛一颗骰子，观察出现的点数；

E_5：记录某放射性物质在1min内放射的粒子数；

E_6：在一批灯泡中任意抽取一个，测试它的寿命x；

E_7：考察一辆汽车通过十字路口时遇红灯的停留时间t；

E_8：考察用同一把尺子测量不同物体长度时的舍入误差r．

对于随机试验，尽管在每次试验前不能预知试验的结果，但试验的所有可能结果组成的集合是已知的．我们把随机试验E的所有不同时出现的可能结果ω组成的集合称为E的样本空间，记为Ω．而把构成样本空间Ω的元素ω称为样本点．

例如，与试验E_1，E_2，$\cdots$，E_8对应的样本空间分别为：

$\Omega_1 = \{$正正，正反，反正，反反$\}$；

$\Omega_2 = \{0, 1, 2\}$；

$\Omega_3 = \{$东西，东南，东北，西南，西北，南北$\}$；

$\Omega_4 = \{1, 2, 3, 4, 5, 6\}$;

$\Omega_5 = \{0, 1, 2, \cdots\}$;

$\Omega_6 = \{x \mid x \geq 0\}$;

$\Omega_7 = \{t \mid 0 \leq t \leq T\}$,其中 T 为最大等待时间;

$\Omega_8 = \{r \mid -h < r \leq h\}$,其中 $h > 0$ 为误差限.

实际上,在进行随机试验时,人们通常关心的是满足某种条件的那些样本点所组成的集合.例如,若规定某种灯泡的寿命(单位:小时)小于 500 为次品,则在 E_6 中我们关心灯泡的寿命是否小于 500.满足这一条件的样本点组成 Ω_6 的一个子集

$$A = \{x \mid 0 \leq x \leq 500\}$$

我们称子集 A 为 E_6 的一个随机事件.显然,当且仅当子集 A 中的一个样本点出现时,表明有次品发生.

一般地,我们称随机试验 E 的样本空间 Ω 的子集 A 为 E 的随机事件,简称事件.在每次试验中,当且仅当子集 A 中的一个样本点出现时,称事件 A 发生.特别地,把由一个样本点 ω 组成的单点集 $\{\omega\}$ 称为基本事件.

例如,在试验 E_1 中 $A_1 = \{$正正,正反$\}$ 就表示"第一次出现正面"的事件,而 $A_2 = \{$正正,反反$\}$ 则表示"两次出现同一面"的事件.同样地,试验 E_1 有四个基本事件:

$$\{正正\},\ \{正反\},\ \{反正\},\ \{反反\}$$

而试验 E_5 则有无穷多个基本事件:

$$\{0\},\ \{1\},\ \{2\},\ \cdots$$

样本空间 Ω 包含所有的样本点,它是 Ω 自身的子集,在每次试验中它总是发生的,称为必然事件.空集 $\varnothing$ 不包含任何样本点,它也作为样本空间 Ω 的子集,它在每次试验中都不发生,称为不可能事件.

需要注意,样本空间的元素是由试验的目的和内容确定的.例如,在 E_1 和 E_2 中同是将一枚硬币连抛两次,但由于试验的目的不同,其样本空间 Ω_1 和 Ω_2 也不一样,再如下例.

例 1.1.1 设试验为从装有 3 个白球(记为 1,2,3 号)与 2 个黑球(记为 4,5 号)的袋中任取 2 个球.

(a) 如果观察取出的 2 个球的颜色,则样本空间是由 3 个样本点构成的集合:

$$\Omega_a = \{2 \text{ 个白球},\ 2 \text{ 个黑球},\ 1 \text{ 个白球 } 1 \text{ 个黑球}\}$$

(b) 如果观察取出的 2 个球的号码,则样本空间是由 10 个样本点构成的集合:

$$\Omega_b = \{\omega_{12},\ \omega_{13},\ \omega_{14},\ \omega_{15},\ \omega_{23},\ \omega_{24},\ \omega_{25},\ \omega_{34},\ \omega_{35},\ \omega_{45}\}$$

其中 ω_{ij} 是 Ω_b 的样本点,表示"取出的是第 i 号球和第 j 号球".

在今后讨论中,经常把样本空间认为是预先给定的.当然对于一个随机现象,如何用一个恰当的样本空间来描述它也很值得研究.但是在概率论的研究中,一般都假定样本空间是给定的.这是必要的抽象,这种抽象使我们能更好地把握住随机现象的本质,而且得到的结果能广泛地应用.事实上,一个样本空间可以概括各种实际内容很不相同的问题:例如只包含两个样本点的样本空间既能作为掷硬币出现正、反面的模型,也能用于产品检验中出现"合格品"与"废品",又能用于气象中"下雨"与"不下雨",以及公用事业排队现象中"有人排队"与"无人排队"等.尽管问题的实际内容如此

不同，但有时却能归结为相同的概率模型．后面常以摸球等作为例子也是由于这个原因，它能使问题的本质更为突出．

1.1.2 事件间的关系与运算

事件是一个集合，因而事件间的关系与运算自然按照集合论中集合之间的关系与运算来处理．下面给出这些关系与运算在概率论中的提法，并根据"事件发生"的含义，给出它们在概率论中的含义．

设试验 E 的样本空间为 Ω，而 A，B，A_k（$k=1$，2，$\cdots$）均是 E 的事件，则有：

（1）若事件 $A \subset B$，则称事件 B 包含事件 A 或称事件 A 是事件 B 的子事件．这指的是事件 A 发生必然导致事件 B 发生．

若 $A \subset B$ 且 $B \subset A$，即 $A = B$，则称事件 A 与 B 相等或等价．

（2）事件 $A \cup B = \{\omega \mid \omega \in A$ 或 $\omega \in B\}$ 称为事件 A 与 B 的和事件．当且仅当 A 与 B 中至少有一个发生时，事件 $A \cup B$ 发生．

类似地，我们称 $\bigcup\limits_{k=1}^{n} A_k$（即 $A_1 \cup A_2 \cup \cdots \cup A_n$）为 n 个事件 A_1，A_2，$\cdots$，A_n 的和事件；而称 $\bigcup\limits_{k=1}^{\infty} A_k$ 为可列个[①]事件 A_1，A_2，$\cdots$的和事件．

（3）事件 $A \cap B = \{\omega \mid \omega \in A$ 且 $\omega \in B\}$ 称为事件 A 与 B 的积事件．当且仅当 A 与 B 同时发生时，事件 $A \cap B$ 发生，事件 $A \cap B$ 也记作 AB.

类似地，我们称 $\bigcap\limits_{k=1}^{n} A_k$（即 $A_1 \cap A_2 \cap \cdots \cap A_n$）为 n 个事件 A_1，A_2，$\cdots$，A_n 的积事件；而称 $\bigcap\limits_{k=1}^{\infty} A_k$ 为可列个事件 A_1，A_2，$\cdots$的积事件．

（4）事件 $A - B = \{\omega \mid \omega \in A$ 但 $\omega \notin B\}$ 称为事件 A 与 B 的差事件．当且仅当 A 发生而 B 不发生时，事件 $A - B$ 发生．

（5）若 $A \cap B = \varnothing$，则称事件 A 与 B 是互不相容的或互斥的．这指的是事件 A 与 B 不能同时发生．

由样本空间的定义可知：基本事件是两两互不相容的．

对互不相容的事件 A 与 B，可把和事件 $A \cup B$ 记作 $A + B$，称为事件 A 与 B 的直和事件．对两两互不相容的事件 A_1，A_2，$\cdots$，A_n，可把和事件 $A_1 \cup A_2 \cup \cdots \cup A_n$ 记作 $A_1 + A_2 + \cdots + A_n$. 对于两两互不相容的事件列 A_1，A_2，$\cdots$，可把和事件 $\bigcup\limits_{k=1}^{\infty} A_k$ 记作 $\sum\limits_{k=1}^{\infty} A_k$.

（6）若 $A \cup B = \Omega$ 且 $A \cap B = \varnothing$，则称事件 A 与 B 互为逆事件或互为对立事件，这指的是对每次试验而言，事件 A 与 B 中必有且只有一个发生．A 的对立事件记作 $\bar{A}$，显然 $\bar{A} = \Omega - A$.

为了便于读者掌握事件间的关系与运算，将它们直观地绘制于图 1.1 事件关系的文氏图中．在图 1.1 中正方形表示样本空间 Ω，圆 A 与圆 B 分别表示事件 A 与事件 B，则阴影部分所表示的事件分别为：

---

① 如果某集合的元素可按一定的顺序排成一个序列，则称该集合为可列集或可数集，而称该集合中元素的个数为可列个．

(a) $A \cup B$：事件 A 与 B 的和事件；

(b) $A \cap B$：事件 A 与 B 的积事件；

(c) $A - B$：事件 A 与 B 的差事件；

(d) $A + B$：事件 A 与 B 的直和；

(e) $AB = \varnothing$：事件 A 与 B 互不相容；

(f) $\overline{A}$：事件 A 的对立事件.

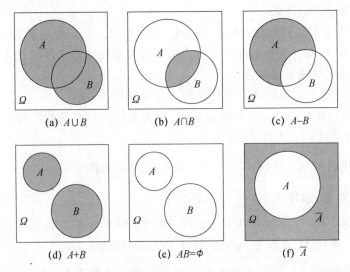

(a) $A \cup B$ (b) $A \cap B$ (c) $A - B$

(d) $A + B$ (e) $AB = \phi$ (f) $\overline{A}$

图 1.1　事件关系的文氏图

例 1.1.2　设 A_1 和 A_2 分别表示在例 1.1.1（b）中"1 号球出现"和"2 号球出现"的事件，则有：

$$A_1 = \{\omega_{12}, \ \omega_{13}, \ \omega_{14}, \ \omega_{15}\}$$

$$A_2 = \{\omega_{12}, \ \omega_{23}, \ \omega_{24}, \ \omega_{25}\}$$

$$A_1 \cup A_2 = \{\omega_{12}, \ \omega_{13}, \ \omega_{14}, \ \omega_{15}, \ \omega_{23}, \ \omega_{24}, \ \omega_{25}\}$$

$$A_1 \cap A_2 = \{\omega_{12}\}$$

$$A_1 - A_2 = \{\omega_{13}, \ \omega_{14}, \ \omega_{15}\}$$

$$\overline{A_1 \cup A_2} = \{\omega_{34}, \ \omega_{35}, \ \omega_{45}\}$$

事件间的运算规律完全等同于集合的运算律，即有以下的事件运算律.

事件运算律　设 Ω 是试验 E 的样本空间，A，B，C 均为 E 的事件，则它们满足：

（1）交换律：

$$A \cup B = B \cup A$$

$$A \cap B = B \cap A$$

（2）结合律：

$$A \cup (B \cup C) = (A \cup B) \cup C$$

$$A \cap (B \cap C) = (A \cap B) \cap C$$

（3）分配律：

$$A(B \cup C) = AB \cup AC$$

$$A \cup (B \cap C) = (A \cup B) \cap (A \cup C)$$

（4）对偶律：

$$\overline{A \cup B} = \overline{A} \cap \overline{B}$$

$$\overline{A \cap B} = \overline{A} \cup \overline{B}$$

（5）$\overline{\overline{A}} = A$，$A + \overline{A} = \Omega$，$A\overline{A} = \varnothing$.

事实上，事件的分配律和对偶律均可推广到有限或可列的情形，其结论如下：

设 Ω 是试验 E 的样本空间，B，A_1，A_2，$\cdots$ 均为 E 的事件，则有：

$$B \cap (\bigcup_k A_k) = \bigcup_k (B \cap A_k)$$

$$B \cup (\bigcap_k A_k) = \bigcap_k (B \cup A_k)$$

$$\overline{\bigcup_k A_k} = \bigcap_k \overline{A_k}$$

$$\overline{\bigcap_k A_k} = \bigcup_k \overline{A_k}$$

当然，我们亦不难用集合论的语言证明这些运算律．譬如，上述最后一个式子的证明如下：

设 $\omega \in \overline{\bigcap_k A_k}$，即 $\omega \notin \bigcap_k A_k$，这表明 ω 不同时属于 A_1，A_2，$\cdots$，因此 ω 必属于 $\overline{A_1}$，$\overline{A_2}$，$\cdots$ 之一，亦即 $\omega \in \bigcup_k \overline{A_k}$，于是 $\overline{\bigcap_k A_k} \subset \bigcup_k \overline{A_k}$.

反之，设 $\omega \in \bigcup_k \overline{A_k}$，则 ω 必属 $\overline{A_1}$，$\overline{A_2}$，$\cdots$ 之一，这表明 ω 不同时属于 A_1，A_2，$\cdots$，即 $\omega \notin \bigcap_k A_k$ 或 $\omega \in \overline{\bigcap_k A_k}$，于是也有 $\overline{\bigcap_k A_k} \supset \bigcup_k \overline{A_k}$.

因而有：

$$\overline{\bigcap_k A_k} = \bigcup_k \overline{A_k}$$

类似地，我们也可以用这种"绕圈子"的说法证明其他几个运算律。

1.1.3 事件域

虽然事件是由样本空间 Ω 的子集构成的，但并不是 Ω 所有的子集都能作为研究的对象．就像作为平面上点的集合，我们可以用面积度量它的大小．如单位正方形 $A = \{(x, y) \mid 0 \leqslant x \leqslant 1, 0 \leqslant y \leqslant 1\}$ 的面积就是 1. 但作为正方形 A 的子集并不是都具有面积．譬如，它的子集

$$B = \{(x, y) \mid (x, y) \in A, x, y \text{ 为有理数}\}$$

就没有面积，或者说 B 是不可测的，倘若把 B 也作为事件，将带来不可克服的困难．

这样，一方面，我们并不把 Ω 的一切子集都作为事件；另一方面，又必须把问题中感兴趣的事件都包括进来．例如，若 A 是事件，则 $\overline{A}$ 也应是事件；若 A 与 B 是事件，则 $A \cup B$ 和 $A \cap B$ 也应是事件；当样本空间 Ω 由无限多个点构成时，显然还必须考虑可列个事件的和与积；此外，把 Ω 和 $\varnothing$ 作为事件也有很大的方便．

总之，我们若把事件的全体记为 $\mathcal{F}$，它是由 Ω 的一些子集构成的集类．而且为了使讨论便于进行，还得对 $\mathcal{F}$ 施加如下限制：

定义 1.1.1 设 Ω 是由抽象的点 ω 构成的集合，而 $\mathcal{F}$ 是由 Ω 的某些子集构成的集类，如果它满足：

(1) $\Omega \in \mathcal{F}$;

(2) 若 $A \in \mathcal{F}$, 则 $\bar{A} \in \mathcal{F}$;

(3) 若 $A_i \in \mathcal{F}$ $(i = 1, 2, \cdots)$, 则 $\bigcup_{i=1}^{\infty} A_i \in \mathcal{F}$.

则称 $\mathcal{F}$ 为 Ω 上的一个 σ-代数.

容易验证: $\varnothing \in \mathcal{F}$; 若 $A_i \in \mathcal{F}$ $(i = 1, 2, \cdots, n)$, 则 $\bigcap_{i=1}^{n} A_i \in \mathcal{F}$, $\bigcup_{i=1}^{\infty} A_i \in \mathcal{F}$; 若 A, $B \in \mathcal{F}$, 则 $A - B \in \mathcal{F}$. 由此可见, σ-代数是关于交 (可列或有限)、并 (可列或有限)、补、差运算都封闭的集类.

定义 1.1.2 设 $\mathcal{F}$ 是由样本空间 Ω 的一些子集构成的一个 σ-代数, 则称 $\mathcal{F}$ 为事件域, $\mathcal{F}$ 中的元素称为事件, 二元序对 $(\Omega, \mathcal{F})$ 称为可测空间.

值得指出, 按照这种定义, 样本点并不一定是事件.

下面我们举一些事件域的例子.

例 1.1.3 $\mathcal{F} = \{\varnothing, \Omega\}$, 不难验证 $\mathcal{F}$ 是一个 σ-代数, 这时只有必然事件 Ω 和不可能事件 $\varnothing$ 是事件.

例 1.1.4 $\mathcal{F} = \{\varnothing, A, \bar{A}, \Omega\}$, 这时 $\mathcal{F}$ 也是一个 σ-代数, $\varnothing$, A, $\bar{A}$, Ω 是事件.

例 1.1.5 $\Omega = \{\omega_1, \omega_2, \cdots, \omega_n\}$, 取 $\mathcal{F} = \{A \mid A \subset \Omega\}$, 容易验证 $\mathcal{F}$ 是一个 σ-代数, 它包含 2^n 个事件.

例 1.1.6 对一般的 Ω, 取 $\mathcal{F} = \{A \mid A \subset \Omega\}$, 可以验证 $\mathcal{F}$ 也是一个 σ-代数.

从上面几个例子可以看到, 事件域可以构造得很简单, 也可以构造得十分复杂, 这就需要根据问题的不同要求来构造适当的事件域.

表面上看, 对一个随机试验, 当样本空间 Ω 给定后, 把事件域 $\mathcal{F}$ 选得越大, 能处理的事件就越多, 从而也就越方便. 但是, 概率论最关心的毕竟是事件的概率, 过大的事件域会对概率的给定带来困难, 并不可取. 不过, 如果定义概率没有多大困难的话, 事件域当然可以选得尽量大一些. 因此, 对有限或可列样本空间 Ω, 后面将会看到, 通常都取 Ω 的一切子集构成事件域.

对一个随机试验, 当样本空间 Ω 给定后, 总有一些子集必须作为事件进行处理, 但它们组成的集类未必是一个 σ-代数, 这该怎么办? 下面的定理说明 Ω 的任一子集类总可以扩张成为 Ω 上的一个 σ-代数.

定理 1.1.1 设 S 是 Ω 的任一子集类, 则存在 Ω 上的一个 σ-代数 $\mathcal{F}_0$, 使得:

(1) $S \subset \mathcal{F}_0$;

(2) 若 $\mathcal{F}$ 是 Ω 上的一个 σ-代数, 且 $S \subset \mathcal{F}$, 则 $\mathcal{F}_0 \subset \mathcal{F}$, 并且具有性质 (1) 和 (2) 的 σ-代数由 S 唯一确定.

证 由于 Ω 的一切子集构成的集类是一个 σ-代数且一定包含 S, 故 Ω 上包含 S 的 σ-代数一定存在. 令 $\mathcal{F}_0$ 是 Ω 上包含 S 的一切 σ-代数的交, 则由习题 1.33 知, $\mathcal{F}_0$ 也是 Ω 上的一个 σ-代数, 且包含 S, 即 $\mathcal{F}_0$ 满足 (1). 再由 $\mathcal{F}_0$ 的定义知它具有性质 (2).

下面证明唯一性. 设 $\mathcal{F}_1$ 是具有性质 (1) 和 (2) 的任一 σ-代数, 则因 $\mathcal{F}_1$ 是包含 S 的 σ-代数, 所以由 (2) 知 $\mathcal{F}_0 \subset \mathcal{F}_1$. 另一方面, 由于 $\mathcal{F}_0$ 是包含 S 的 σ-代数, 而 $\mathcal{F}_1$ 具有性质 (2), 故 $\mathcal{F}_1 \subset \mathcal{F}_0$. 因此, $\mathcal{F}_1 = \mathcal{F}_0$.

称定理 1.1.1 中的 $\mathcal{F}_0$ 为包含 S 的最小 σ-代数, 也称为由 S 生成的 σ-代数, 记为

$\sigma(S)$. 它在今后的讨论中具有十分重要的地位.

在许多随机试验中, 样本空间 Ω 为一维或 n 维欧几里得空间, 或者是它们的一部分. 如果取 Ω 的一切子集组成的集类为事件域 $\mathcal{F}$, 则在其上定义概率非常困难, 这是因为这个集类太大. 下面, 借助定理 1.1.1 可以构造两个非常有用的 σ-代数.

例 1.1.7 (一维博雷尔点集) 以 $\mathbb{R}$ 记数直线或实数全体, 称由集类 $\big\{(a, b] \mid -\infty < a < b < +\infty\big\}$ 生成的 σ-代数为一维博雷尔 σ-代数, 记作 $\mathcal{B}_1$, $\mathcal{B}_1$ 中的元素称为一维博雷尔点集.

设 x, y 为任意实数, 由于

$$\{y\} = \bigcap_{n=1}^{\infty}\left(y - \frac{1}{n}, y\right]$$
$$(x, y) = (x, y] - \{y\}$$
$$[x, y] = (x, y] \cup \{x\}$$
$$[x, y) = (x, y] \cup \{x\} - \{y\}$$

因此, $\mathcal{B}_1$ 包含了一切开区间、半开半闭区间、闭区间、单个实数、可列个实数, 以及由它们经可列次逆、交、并运算得到的集合. 这是一个相当大的集类, 足以把实际问题中人们感兴趣的点集都包括在内, 而且后面将会看到在 $\mathcal{B}_1$ 上定义概率是比较容易的. 不难证明, 若不是从 $(a, b]$ 出发, 而是从 $[a, b)$ 或 (a, b) 或 $[a, b]$ 甚至 $(-\infty, x]$ 出发, 都将产生同一个 σ-代数.

例 1.1.8 (n 维博雷尔点集) 以 $\mathbb{R}^n$ 记 n 维欧几里德空间, 称由集类 $\Big\{\bigcap_{i=1}^{n}(a_i, b_i] \mid -\infty < a_i < b_i < +\infty, i = 1, 2, \cdots, n\Big\}$ 生成的 σ-代数为 n 维博雷尔 σ-代数, 记为 $\mathcal{B}_n$, $\mathcal{B}_n$ 中的元素称为 n 维博雷尔点集.

1.2 概率的公理化定义与性质

对于一个事件 (除必然事件和不可能事件外), 它在一次试验中可能发生, 也可能不发生. 我们常常希望知道某些事件在一次试验中发生的可能性究竟有多大. 例如, 为了确定河堤的高度, 就需要知道河流在该地段每年最大洪水达到某一高度这一事件发生的可能性大小. 当然最好是能定量地描述, 找到一个合适的数来表示事件在一次试验中发生的可能性大小. 为此, 首先引入频率的概念. 频率描述了事件发生的频繁程度, 进而引出表征事件在一次试验中发生的可能性大小的数——概率.

1.2.1 事件的频率

定义 1.2.1 在相同条件下进行 n 次试验, 在 n 次试验中, 事件 A 发生的次数 n_A 称为事件 A 发生的频数, 比值 $\dfrac{n_A}{n}$ 称为事件 A 发生的频率, 记作 $f_n(A)$, 即

$$f_n(A) = \frac{n_A}{n} \tag{1.1}$$

显然, 频率 $f_n(A)$ 满足下述三条基本性质:

（1）（非负性）对于任一随机事件 A，有 $f_n(A) \geqslant 0$；

（2）（规范性）对于必然事件 Ω，有 $f_n(\Omega) = 1$；

（3）（有限可加性）对两两互不相容的事件 A_1，A_2，$\cdots$，A_k，有

$$f_n\left(\sum_{i=1}^{k} A_i\right) = \sum_{i=1}^{k} f_n(A_i)$$

由于事件 A 发生的频率是它发生的次数与试验总次数之比，其大小表示 A 发生的频繁程度，频率越大，事件 A 发生越频繁，这意味着 A 在一次试验中发生的可能性越大．因而，直观的想法是用频率来表示 A 在一次试验中发生的可能性大小．但是否可行？先看下面的例子．

例 1.2.1　考虑"抛硬币"这个试验，考察事件 $A = \{$出现正面$\}$．我们将一枚硬币抛掷 5 次、50 次、500 次，各做 10 遍，用 n_A 表示事件 A 发生的频数，$f_n(A)$ 表示 A 发生的频率，则得到的数据如表 1.1 所示．这样的试验在历史上也有不少人做过，其中最著名的结果见表 1.2．

从表 1.1 和表 1.2 的结果不难看出频率具有下列特性．

随机波动性　当 n 较小时，频率 $f_n(A)$ 在 $0 \sim 1$ 之间随机波动，其幅度较大，即使对同样的 n 所得的 $f_n(A)$ 也不尽相同．因此，当 n 较小时用频率来表达事件发生的可能性大小显然是不合适的．

统计规律性　当 n 逐渐增大时，频率 $f_n(A)$ 呈现出稳定性，逐渐稳定于某个常数（0.5）．因此，用频率的这个稳定值来表示事件发生的可能性大小是合适的．由于频率的这种稳定性是通过大量统计显示出来的，所以称为统计规律性．

表 1.1

试验序号	$n=5$		$n=50$		$n=500$	
	n_A	$f_n(A)$	n_A	$f_n(A)$	n_A	$f_n(A)$
1	2	0.4	22	0.44	251	0.502
2	3	0.6	25	0.50	249	0.498
3	1	0.2	21	0.42	256	0.512
4	5	1.0	25	0.50	253	0.506
5	1	0.2	24	0.48	251	0.502
6	2	0.4	21	0.42	246	0.492
7	4	0.8	18	0.36	244	0.488
8	2	0.4	24	0.48	258	0.516
9	3	0.6	27	0.54	262	0.524
10	3	0.6	31	0.62	247	0.494

表 1.2

试验者	n	n_A	$f_n(A)$
德摩根	2048	1061	0.5181
蒲丰	4040	2048	0.5069
皮尔逊	12000	6019	0.5016

事实上，人们经过长期的实践发现，虽然随机事件在某次试验或观察中可以出现也

可以不出现,但在大量试验中它却呈现出明显的规律性——频率稳定性.例如,如果多次测量同一物体,其结果虽略有差异,但当测量次数增加时,就会越来越清楚地呈现出一些规律性:测量值的平均值在某固定常数附近随机波动,诸测量值在此常数两旁的分布呈现某种对称性.又如在射击中,当射击次数不多时,炮弹的弹落点似乎是前后左右杂乱无章,看不出什么明显的规律;但当射击次数增加时,弹落点的分布就会呈现出一定的规律性:如弹落点关于目标的分布略呈对称性,偏离目标远的弹落点比偏离目标近的弹落点少等.其他如灯泡寿命等,在进行多次观察或试验后,也都可以发现类似的规律性.因此,我们自然把频率的这个稳定值作为随机事件 A 发生的可能性大小的度量,并称之为事件 A 的概率,记作 $P(A)$.概率的这个定义通常称为概率的统计定义.由概率的统计定义可知,当 n 较大时,有

$$P(A) \approx f_n(A)$$

现在,我们虽然有了概率的统计定义,但要通过频率直接获得概率却是非常困难的,甚至是不可能的.

1.2.2 概率的公理化定义

除了概率的统计定义外,历史上还曾有过概率的其他定义,如概率的古典定义(古典概型)、几何定义(几何概型)、主观定义(贝叶斯观点)等.但各个定义只适合某一类特定的随机现象.1900 年德国数学家希尔伯特(Hilbert,1862—1943)建议建立概率的公理化定义以给出概率的统一定义.1933 年苏联数学家柯尔莫哥洛夫(Kolmogorov,1903—1987)首次提出了概率的公理化定义,概括了历史上几种概率定义的共性,同时避免了各自的局限性.这一公理化定义是概率论发展史上的一个里程碑,自此概率论得到迅速发展.瑞典统计学家克拉美(Cramer,1893—1985)称概率的公理化体系"标志着一个新时代的开始".下面我们介绍概率的公理化体系.

要给出概率的一个统一定义,首先要明确概率应该具有什么样的性质?因为概率通过频率稳定性与随机试验相联系,因此我们自然想到概率应有与频率类似的性质.而频率具有非负性、规范性以及有限可加性.在一般场合下,还会涉及可列个事件的和事件,因而要求概率具有可列可加性是合理的.

综上所述,我们如下定义概率.

定义 1.2.2 设 Ω 为试验 E 的样本空间,$\mathcal{F}$ 是由 Ω 的一些子集构成的事件域,$P(A)$ 是定义在 $\mathcal{F}$ 上的实值集合函数,如果 $P(A)$ 满足下述三条公理:

公理 1(非负性) 对任一 $A \in \mathcal{F}$,有 $P(A) \geq 0$;

公理 2(规范性) $P(\Omega) = 1$;

公理 3(可列可加性) 对 $\mathcal{F}$ 中任一两两互不相容的事件列 A_1,A_2,$\cdots$,有

$$P\left(\sum_{i=1}^{\infty} A_i\right) = \sum_{i=1}^{\infty} P(A_i)$$

则称 P 为 $\mathcal{F}$ 上的概率,三元序对 $(\Omega, \mathcal{F}, P)$ 称为概率空间.

抛开具体的随机试验,从纯数学的角度看,概率其实就是定义在事件域 $\mathcal{F}$ 上的一个满足非负性、规范性及可列可加性的集合函数,并不唯一.另外,有了概率的公理化定义,历史上各种概率的定义都可看作是针对不同概率模型确定概率的方法.

1.2.3 概率的基本性质

由概率的公理化定义，容易推得以下定理.

定理 1.2.1 （概率的基本性质） 设 $(\Omega, \mathcal{F}, P)$ 是由上述三条公理定义的概率空间，则：

（1）对于不可能事件 $\varnothing$，有

$$P(\varnothing) = 0$$

（2）（有限可加性）对两两互不相容的事件 $A_i \in \mathcal{F}$（$i = 1, 2, \cdots, k$），有

$$P\left(\sum_{i=1}^{k} A_i\right) = \sum_{i=1}^{k} P(A_i)$$

（3）对任意的两个随机事件 $A, B \in \mathcal{F}$，有

$$P(B - A) = P(B) - P(AB)$$

特别地，当 $A \subset B$ 时，有

$$P(B - A) = P(B) - P(A)$$

（4）对任一随机事件 $A \in \mathcal{F}$，有

$$P(\bar{A}) = 1 - P(A), \quad P(A) \leqslant 1$$

证 （1）由必然事件

$$\Omega = \Omega + \varnothing + \varnothing + \cdots$$

及概率的可列可加性知

$$P(\Omega) = P(\Omega) + P(\varnothing) + P(\varnothing) + \cdots$$

将 $P(\Omega) = 1$ 代入上式得

$$0 = P(\varnothing) + P(\varnothing) + \cdots$$

再由概率的非负性可知 $P(\varnothing) = 0$.

（2）令 $A_i = \varnothing$（$i = k + 1, k + 2, \cdots$），则：

$$\sum_{i=1}^{k} A_i = \sum_{i=1}^{\infty} A_i$$

且 $A_1, A_2, \cdots$ 两两互不相容，故由概率的可列可加性及性质（1）得

$$P\left(\sum_{i=1}^{k} A_i\right) = P\left(\sum_{i=1}^{\infty} A_i\right) = \sum_{i=1}^{\infty} P(A_i) = \sum_{i=1}^{k} P(A_i)$$

（3）因为 $B = (B - A) \cup (AB)$ 且 $B - A$ 与 AB 互斥，故由性质（2）知

$$P(B) = P(B - A) + P(AB)$$

移项便得

$$P(B - A) = P(B) - P(AB)$$

特别地，当 $A \subset B$ 时有 $AB = A$，故这时有

$$P(B - A) = P(B) - P(A)$$

再由 $P(B - A) \geqslant 0$ 知 $P(B) \geqslant P(A)$.

（4）在性质（3）中取 $B = \Omega$ 即得.

定理 1.2.2 （加法定理） 设 $(\Omega, \mathcal{F}, P)$ 是概率空间，则对于任意的两个随机事件 $A, B \in \mathcal{F}$，有

$$P（A\cup B）=P（A）+P（B）-P（AB）\qquad（加法公式）$$

证 由于 $A\cup B=A\cup（B-A）$ 且 A 与 $B-A$ 互不相容，故由概率的基本性质（2）和（3）知

$$P（A\cup B）=P（A）+P（B-A）=P（A）+P（B）-P（AB）$$

由定理 1.2.2 立即可得如下两个不等式.

推论 1.2.1（布尔不等式）

$$P（A\cup B）\leqslant P（A）+P（B）$$

推论 1.2.2（Bonferroni 不等式）

$$P（AB）\geqslant P（A）+P（B）-1$$

利用数学归纳法不难把这两个不等式推广到 n 个事件的场合.

$$P（A_1\cup A_2\cup\cdots\cup A_n）\leqslant P（A_1）+P（A_2）+\cdots+P（A_n）$$

$$P（A_1A_2\cdots A_n）\geqslant P（A_1）+P（A_2）+\cdots+P（A_n）-（n-1）$$

例 1.2.2 设 A，B 是两个随机事件，已知

$$P（A）=0.6,\qquad P（B）=0.5,\qquad P（AB）=0.4$$

求 $P（B-A）$，$P（\bar{A}）$ 及 $P（A\cup B）$.

解 由概率的基本性质即得

$$P（B-A）=P（B）-P（AB）=0.5-0.4=0.1$$

$$P（\bar{A}）=1-P（A）=1-0.6=0.4$$

$$P（A\cup B）=P（A）+P（B）-P（AB）=0.6+0.5-0.4=0.7$$

利用数学归纳法还能把加法公式推广到 n 个事件 A_1，A_2，$\cdots$，A_n 的情形，这时可证得

$$P\left(\bigcup_{i=1}^{n}A_i\right)=\sum_{i=1}^{n}P(A_i)-\sum_{1\leqslant i<j\leqslant n}P(A_iA_j)+\sum_{1\leqslant i<j<k\leqslant n}P(A_iA_jA_k)-\cdots+(-1)^{n-1}P(A_1A_2\cdots A_n)$$

$$(1.2)$$

1.2.4 概率的连续性

首先介绍事件序列的极限，然后给出概率的连续性的定义.

设 $\{A_n\}$ 是一个事件序列.

若 $A_n\subset A_{n+1}$，$n=1$，2，$\cdots$，则称事件序列 $\{A_n\}$ 单调不减；

若 $A_n\supset A_{n+1}$，$n=1$，2，$\cdots$，则称事件序列 $\{A_n\}$ 单调不增.

对任一事件序列 $\{A_n\}$，我们可以构造两个新的事件序列 $\{B_n\}$ 和 $\{C_n\}$，其中

$$B_n=\bigcup_{k=n}^{\infty}A_k,\qquad C_n=\bigcap_{k=n}^{\infty}A_k$$

它们分别对应事件序列 $\{A_k\}_{k\geqslant n}$ 的并和交. 显然 $\{B_n\}$ 单调不增，$\{C_n\}$ 单调不减，称 $\{B_n\}$ 的交为 $\{A_n\}$ 的上极限事件，记为 $\varlimsup\limits_{n\to\infty}A_n$，即

$$\varlimsup_{n\to\infty}A_n=\bigcap_{n=1}^{\infty}\bigcup_{k=n}^{\infty}A_k$$

它表示 A_n 发生无穷多次，因为样本点 $\omega\in\varlimsup\limits_{n\to\infty}A_n$ 当且仅当 ω 属于无穷多个 A_n，称 $\{C_n\}$ 的并为 $\{A_n\}$ 的下极限事件，记为 $\varliminf\limits_{n\to\infty}A_n$，即

$$\underline{\lim_{n\to\infty}}A_n = \bigcup_{n=1}^{\infty}\bigcap_{k=1}^{\infty}A_k$$

它表示 A_n 至多只有有限个不发生，因为样本点 $\omega \in \underline{\lim_{n\to\infty}}A_n$ 当且仅当存在一个正整数 n，使得 $\omega \in \bigcap_{k=1}^{\infty}A_k$，因此若 ω 出现，则 A_n，A_{n+1}，$\cdots$同时发生，这时至多只有前面 $n-1$ 个事件 A_1，A_2，$\cdots$，A_{n-1}可能不发生（也可能有些发生）.

显然

$$\underline{\lim_{n\to\infty}}A_n \subset \overline{\lim_{n\to\infty}}A_n$$

特别地，当$\{A_n\}$的上极限事件和下极限事件相等时，则称$\{A_n\}$有极限事件，并把其上极限事件（也即下极限事件）称为$\{A_n\}$的极限事件，记为$\lim_{n\to\infty}A_n$，即$\lim_{n\to\infty}A_n = \overline{\lim_{n\to\infty}}A_n = \underline{\lim_{n\to\infty}}A_n$.

利用对偶律，有

$$\overline{\bigcap_{n=1}^{\infty}\bigcup_{k=n}^{\infty}A_k} = \bigcup_{n=1}^{\infty}\bigcap_{k=n}^{\infty}\overline{A_k}$$

$$\overline{\bigcup_{n=1}^{\infty}\bigcap_{k=n}^{\infty}A_k} = \bigcap_{n=1}^{\infty}\bigcup_{k=n}^{\infty}\overline{A_k}$$

因此

$$\overline{\lim_{n\to\infty}}\overline{A_n} = \overline{\underline{\lim_{n\to\infty}}A_n}$$

$$\underline{\lim_{n\to\infty}}\,\overline{A_n} = \overline{\overline{\lim_{n\to\infty}}A_n}$$

定理 1.2.3 若$\{A_n\}$是单调不减或单调不增事件序列时，$\{A_n\}$有极限，且

$$\lim_{n\to\infty}A_n = \begin{cases} \bigcup_{n=1}^{\infty}A_n, & 若\{A_n\}单调不减 \\ \bigcap_{n=1}^{\infty}A_n, & 若\{A_n\}单调不增 \end{cases}$$

证 先设$\{A_n\}$单调不减，则对任何 $n\geq 1$，有$\bigcup_{k=n}^{\infty}A_k = \bigcup_{k=1}^{\infty}A_k$，并且$\bigcap_{k=n}^{\infty}A_k = A_n$，从而

$$\overline{\lim_{n\to\infty}}A_n = \bigcap_{n=1}^{\infty}\bigcup_{k=n}^{\infty}A_k = \bigcup_{n=1}^{\infty}A_n, \qquad \underline{\lim_{n\to\infty}}A_n = \bigcup_{n=1}^{\infty}\bigcap_{k=n}^{\infty}A_k = \bigcup_{n=1}^{\infty}A_n$$

这样$\{A_n\}$的上极限事件和下极限事件相等，而且就是$\bigcup_{n=1}^{\infty}A_n$.

其次，若$\{A_n\}$单调不增，则对任何 $n\geq 1$，有$\bigcup_{k=n}^{\infty}A_k = A_n$，并且$\bigcap_{k=n}^{\infty}A_k = \bigcap_{k=1}^{\infty}A_k$，从而

$$\overline{\lim_{n\to\infty}}A_n = \bigcap_{n=1}^{\infty}\bigcup_{k=n}^{\infty}A_k = \bigcap_{n=1}^{\infty}A_n, \qquad \underline{\lim_{n\to\infty}}A_n = \bigcup_{n=1}^{\infty}\bigcap_{k=n}^{\infty}A_k = \bigcap_{n=1}^{\infty}A_n$$

这样$\{A_n\}$的上极限事件和下极限事件也相等，而且就是$\bigcap_{n=1}^{\infty}A_n$.

定义 1.2.3 设 $(\Omega, \mathcal{F}, P)$ 是概率空间，若对$\mathcal{F}$中任一单调不减事件列$\{A_n\}$都有

$$\lim_{n\to\infty}P(A_n) = P\left(\bigcup_{n=1}^{\infty}A_n\right) = P\left(\lim_{n\to\infty}A_n\right)$$

则称概率 P 是下连续的；若对$\mathcal{F}$中任一单调不增事件列$\{A_n\}$都有

$$\lim_{n\to\infty}P(A_n) = P\left(\bigcap_{n=1}^{\infty}A_n\right) = P\left(\lim_{n\to\infty}A_n\right)$$

则称概率 P 是上连续的.

下面的定理表明概率既是下连续的也是上连续的.

定理 1.2.4（概率的连续性） 设 P 是定义在事件域 $\mathcal{F}$ 上的概率，则 P 既是下连续的也是上连续的.

证 先证 P 是下连续的. 设 $\{A_n\} \subset \mathcal{F}$ 是任一单调不减事件列，则

$$\lim_{n \to \infty} A_n = \bigcup_{n=1}^{\infty} A_n$$

令 $A_0 = \varnothing$，则 $(A_i - A_{i-1})$ $(i = 1, 2, \cdots)$ 两两互不相容，且 $\bigcup_{i=1}^{\infty} A_i = \sum_{i=1}^{\infty} (A_i - A_{i-1})$，故由概率的可列可加性得

$$P\left(\bigcup_{i=1}^{\infty} A_i\right) = P\left[\sum_{i=1}^{\infty} (A_i - A_{i-1})\right] = \sum_{i=1}^{\infty} P(A_i - A_{i-1}) = \lim_{n \to \infty} \sum_{i=1}^{n} P(A_i - A_{i-1})$$

又由概率的有限可加性得

$$\sum_{i=1}^{n} P(A_i - A_{i-1}) = P\left[\sum_{i=1}^{n} (A_i - A_{i-1})\right] = P(A_n)$$

所以

$$\lim_{n \to \infty} P(A_n) = P\left(\bigcup_{n=1}^{\infty} A_n\right) = P\left(\lim_{n \to \infty} A_n\right)$$

故 P 是下连续的.

再证 P 是上连续的. 设 $\{B_n\} \subset \mathcal{F}$ 是任一单调不增事件列，则 $\{\overline{B_n}\}$ 是 $\mathcal{F}$ 中的单调不减事件列，故

$$\lim_{n \to \infty} P(\overline{B_n}) = P\left(\lim_{n \to \infty} \overline{B_n}\right) = P\left(\bigcup_{n=1}^{\infty} \overline{B_n}\right) = P\left(\overline{\bigcap_{n=1}^{\infty} B_n}\right) = 1 - P\left(\bigcap_{n=1}^{\infty} B_n\right) = 1 - P\left(\lim_{n \to \infty} B_n\right)$$

而

$$\lim_{n \to \infty} P(\overline{B_n}) = \lim_{n \to \infty} [1 - P(B_n)] = 1 - \lim_{n \to \infty} P(B_n)$$

故

$$\lim_{n \to \infty} P(B_n) = P\left(\lim_{n \to \infty} B_n\right)$$

由此可知 P 是上连续的.

由概率的基本性质可知，由可列可加性可以推出有限可加性，但是一般来讲，由有限可加性并不能推出可列可加性. 下面的定理表明，为保证概率的可列可加性成立，除要求它具有有限可加性外，还要求它是下连续的.

定理 1.2.5 设 P 是事件域 $\mathcal{F}$ 上满足 $P(\Omega) = 1$ 的非负集合函数，则 P 具有可列可加性的充要条件是：（1）P 具有有限可加性；（2）P 是下连续的.

证 必要性 设 P 具有可列可加性，则 P 是事件域 $\mathcal{F}$ 上的概率，从而由定理 1.2.1 和定理 1.2.4 知，P 具有有限可加性并且是下连续的.

下面证明充分性. 设 $A_i \in \mathcal{F}$ $(i = 1, 2, \cdots)$ 是两两互不相容的事件列，则由 P 具有有限可加性知，对任意正整数 n，都有

$$P\left(\sum_{i=1}^{n} A_i\right) = \sum_{i=1}^{n} P(A_i)$$

因为 $\left\{\sum\limits_{i=1}^{n} P(A_i)\right\}$ 单调增加且有上界,所以级数 $\sum\limits_{i=1}^{\infty} P(A_i)$ 收敛,故

$$\sum_{i=1}^{\infty} P(A_i) = \lim_{n\to\infty} \sum_{i=1}^{n} P(A_i) = \lim_{n\to\infty} P\left(\sum_{i=1}^{n} A_i\right)$$

令 $B_n = \sum\limits_{i=1}^{n} A_i (n = 1,2,\cdots)$,则 $\{B_n\}$ 是单调不减事件列,从而由 P 是下连续的可得

$$\lim_{n\to\infty} P\left(\sum_{i=1}^{n} A_i\right) = \lim_{n\to\infty} P(B_n) = P\left(\lim_{n\to\infty} B_n\right) = P\left(\bigcup_{n=1}^{\infty} B_n\right) = P\left(\sum_{i=1}^{\infty} A_i\right)$$

故

$$P\left(\sum_{i=1}^{\infty} A_i\right) = \sum_{i=1}^{\infty} P(A_i)$$

由此可知,P 具有可列可加性.

1.2.5 概率空间

在概率的公理化结构中,称三元序对 $(\Omega, \mathcal{F}, P)$ 为概率空间,其中 Ω 是样本空间,$\mathcal{F}$ 是事件域,P 是概率,它们都认为是事先给定的,并以此作为出发点讨论种种问题. 至于在实际问题中,如何选定 Ω、怎样构造 $\mathcal{F}$、怎样给定 P,则要视具体情况而定. 由此可见,这是一个数学建模的过程,至于所建立的数学模型是否合理,则需要用统计的方法进行验证.

下面讨论几个具体例子.

例 1.2.3(有限概率空间) 对一些随机试验,试验结果只有有限个,即样本空间是一个有限集合,不妨设为 $\Omega = \{\omega_1, \omega_2, \cdots, \omega_n\}$. 在这种场合,一般可取 $\mathcal{F}$ 为 Ω 的所有子集全体,这仍然是一个有限集合,元素个数为 2^n,它满足事件域的三个要求,而且样本点(看作一个单点集)是事件. 至于概率,只要对样本点 ω_i($i = 1, 2, \cdots, n$),给定满足

$$p(\omega_i) \geqslant 0, \quad i = 1, 2, \cdots, n$$
$$p(\omega_1) + p(\omega_2) + \cdots + p(\omega_n) = 1$$

的一组数 $p(\omega_1), p(\omega_2), \cdots, p(\omega_n)$,那么,若 A 是 $\mathcal{F}$ 中元素,包含样本点 $\omega_{i_1}, \omega_{i_2}, \cdots, \omega_{i_k}$,则由概率的可加性,自然应令

$$P(A) = p(\omega_{i_1}) + p(\omega_{i_2}) + \cdots + p(\omega_{i_k})$$

这就给定了事件 A 的概率,从而构成了概率空间 $(\Omega, \mathcal{F}, P)$.

例 1.2.4(离散概率空间) 对有些随机试验,样本空间 Ω 由可列个元素构成,即 $\Omega = \{\omega_1, \omega_2, \cdots\}$. 这时,事件域 $\mathcal{F}$ 还是可以选为 Ω 的子集全体,它满足事件域的三个要求,这时样本点也是事件. 为给定事件的概率,可选取可列个非负的数 p_i($i = 1, 2, \cdots$)满足

$$\sum_{i=1}^{\infty} p_i = 1$$

分别作为样本点 ω_i,$i = 1, 2, \cdots$ 的概率,而一般事件 $A \in \mathcal{F}$ 的概率,则必须取为它所含样本点的概率之和.

从上面两个例子可以看到:

（1）选定了（Ω，$\mathcal{F}$）之后，事件概率的给定还有相当大的灵活性，这表现在 $p(\omega_i)$ 的选取上. 因为只有这样，才能用概率空间来描述不同的随机现象. 例如在投掷一次硬币的试验中，样本空间 Ω 总是由出现正面（ω_1）和出现反面（ω_2）两个样本点组成. 对于均匀的硬币，可以选取 $p(\omega_1) = p(\omega_2) = \dfrac{1}{2}$；而对于不均匀的硬币，则必须给定另外的概率，而这只须适当给定 $p(\omega_1)$ 就可以了.

（2）一旦诸 $p(\omega_i)$ 给定后，事件 A 的概率就不能任意给定了，即在事件域中，各事件的概率之间有一定的关系，给定概率时必须满足这些关系.

例 1.2.5   若 $\Omega = \mathbb{R}$，即样本空间由全体实数组成，这时 $\mathcal{F}$ 不能取为 Ω 的一切子集全体，因为这个集类太大，无法在其上定义概率. 这时通常取 $\mathcal{F}$ 为直线上博雷尔点集全体 $\mathcal{B}_1$，这是一个相当大的集类，可以把实际问题中所有感兴趣的点集都包括在内. 另一方面，在博雷尔 σ-代数 $\mathcal{B}_1$ 上定义概率相当方便，只要对区间 $(a, b]$ 或 $[a, b)$ 或 $(-\infty, a]$ 定义概率即可. 这些我们将在第 2 章进行深入探讨.

顺便指出，若 Ω 不是 $\mathbb{R}$，而是它的一部分，也可类似处理. 例如 Ω 是一个区间，这时 $\mathcal{F}$ 可取为该区间上博雷尔点集全体：它们通过直线上博雷尔点集与该区间之交而得到.

例 1.2.6   若 $\Omega = \mathbb{R}^n$（或 $\mathbb{R}^n$ 的一部分），这时可类似于一维场合取 n 维欧几里得空间中的博雷尔点集全体 $\mathcal{B}_n$ 作为事件域 $\mathcal{F}$，第 3 章将对这种场合进行讨论.

1.3 古典概型与几何概型

1.3.1 古典概型

回忆 1.1 节所说的试验 $E_1 \sim E_8$ 及相应的样本空间 $\Omega_1 \sim \Omega_8$，不难发现，试验 E_1，E_3，E_4 具有如下两个共同的特性：

（1）（有限性）试验的样本空间 Ω 包含的样本点数（或基本事件个数）是有限的，即存在正整数 n，使

$$\Omega = \{\omega_1, \omega_2, \cdots, \omega_n\} = \sum_{i=1}^{n} \{\omega_i\}$$

（2）（等可能性）   试验中的每个基本事件 $\{\omega_i\}$ 发生的可能性是相同的，即

$$P(\{\omega_1\}) = P(\{\omega_2\}) = \cdots = P(\{\omega_n\})$$

具有以上两个特性的试验是大量存在的. 我们把满足上述两个特性的试验称为等可能性试验. 这种试验在概率论发展初期曾是主要的研究对象，又被称为古典概型. 古典概型的概念具有直观、容易理解的特点，在实践中有着广泛的应用.

对于古典概型，我们有以下定理.

定理 1.3.1   设 E 是等可能性试验，n 是其样本空间 Ω 包含的样本点数（或基本事件个数），A 是 E 的包含有 k 个样本点（或基本事件）的随机事件，则随机事件 A 的概率为

$$P(A) = \frac{k}{n} \tag{1.3}$$

证 由有限性

$$\Omega = \{\omega_1,\omega_2,\cdots,\omega_n\} = \sum_{i=1}^{n} \{\omega_i\}$$

和概率的有限可加性及等可能性知

$$1 = P(\Omega) = P\left(\sum_{i=1}^{n} \{\omega_i\}\right) = \sum_{i=1}^{n} P(\{\omega_i\}) = nP(\{\omega_1\})$$

解之得 $P(\{\omega_1\}) = \dfrac{1}{n}$. 再由等可能性即知

$$P(\{\omega_1\}) = P(\{\omega_2\}) = \cdots = P(\{\omega_n\}) = \frac{1}{n} \qquad (1.4)$$

又因事件 A 包含 k 个样本点或 k 个基本事件, 即

$$A = \{\omega_{n_1},\omega_{n_2},\cdots,\omega_{n_k}\} = \sum_{i=1}^{k} \{\omega_{n_i}\} \qquad (1 \leqslant n_1 < n_2 < \cdots < n_k \leqslant n)$$

故由概率的有限可加性及式 (1.4) 可知

$$P(A) = P\left(\sum_{i=1}^{k} \{\omega_{n_i}\}\right) = \sum_{i=1}^{k} P(\{\omega_{n_i}\}) = \frac{k}{n}$$

式 (1.3) 称为古典概型的概率计算公式. 但由于历史发展的原因, 通常称它为古典概率定义. 而结论 (1.4) 则揭示了在古典概型中基本事件的概率. 从式 (1.3) 可以看到, 古典概型的概率计算问题最终归结为样本空间与事件所包含的样本点数的计算, 而这些样本点数的计算常常需要用到排列与组合的基本知识:

(a) 从 n 个不同元素中任取 m ($m \leqslant n$) 个元素作排列, 共有

$$P_n^m = \frac{n!}{(n-m)!} = n(n-1)\cdots(n-m+1)$$

种不同的排列;

(b) 从 n 个不同元素中任取 m ($m \leqslant n$) 个元素作组合, 共有

$$C_n^m = \frac{P_n^m}{m!} = \frac{n!}{m!(n-m)!} = \frac{n(n-1)\cdots(n-m+1)}{m!}$$

种不同的组合.

例 1.3.1 袋内有 3 个白球与 2 个黑球, 从其中任取 2 个球, 求取出的 2 个球都是白球的概率.

解 参照例 1.1.1, 如果取样本空间为 Ω_a, 则 Ω_a 所包含的 3 个基本事件不是等可能性的, 因此不是古典概型.

如果取样本空间为 Ω_b, 则 Ω_b 所包含的基本事件是等可能性的, 是古典概型, 它共有 $C_5^2 = 10$ 个样本点. 而取出的 2 个球都是白球共包含 $C_3^2 = 3$ 个样本点, 因此所求概率为

$$p = \frac{C_3^2}{C_5^2} = \frac{3}{10} = 0.3$$

例 1.3.2 袋内有 a 个白球与 b 个黑球, 现从袋中任意取

$$\alpha + \beta \qquad (\alpha \leqslant a, \ \beta \leqslant b)$$

个球. 求所取球中恰有 α 个白球与 β 个黑球的概率.

解 此例可看作例 1.3.1 的一般情形, 样本点的总数为 $C_{a+b}^{\alpha+\beta}$, 而取出的球中恰有 α

个白球与 β 个黑球的事件共包含 $C_a^{\alpha} C_b^{\beta}$ 个样本点. 因此所求概率为

$$p = \frac{C_a^{\alpha} C_b^{\beta}}{C_{a+b}^{\alpha+\beta}}$$

例 1.3.3 袋内有 a 个白球与 b 个黑球,每次从袋中任取一个球,取出的球不再放回去,接连取 k $(k \leqslant a+b)$ 个球,求第 k 次取得的是白球的概率.

解 由于考虑到取球的顺序,这相当于从 $a+b$ 个球中任取 k 个球作排列,每一种取法是一基本事件,其基本事件的总数(即样本空间的元素个数)为

$$P_{a+b}^k = (a+b)(a+b-1) \cdots (a+b-k+1)$$

而第 k 次取得的白球可以是 a 个白球中的任一个,有 a 种取法;其余 $k-1$ 个球可在前 $k-1$ 次中顺次地从 $a+b-1$ 个球中任意取出,有 P_{a+b-1}^{k-1} 种取法. 所以第 k 次取得白球共有

$$P_a^1 P_{a+b-1}^{k-1} = a(a+b-1)(a+b-2) \cdots (a+b-k+1)$$

种. 因此所求概率为

$$p = \frac{P_a^1 P_{a+b-1}^{k-1}}{P_{a+b}^k} = \frac{a}{a+b}$$

值得注意的是,所求概率与 k 无关. 这表明无论哪一次取得白球,其概率都是一样的,或者说,取得白球的概率与先后次序无关. 这与我们的实际经验是吻合的.

例 1.3.2 和例 1.3.3 所反映的问题具有代表性,其中的"白球""黑球"可换为"甲物""乙物"或"合格品""不合格品"等. 为叙述方便,我们常常把这类问题称为抽球问题.

例 1.3.4 从 $1, 2, \cdots, 10$ 共 10 个数字中任取 7 个(可以重复),求下列各事件的概率:

A:取出的 7 个数字全不相同;

B:取出的 7 个数字中不含 1 与 10;

C:取出的 7 个数字中恰好出现两次 10.

解 从 10 个数字中取 7 个数的每一种取法构成一基本事件. 由于从 10 个数字中每次取 1 个数的取法有 10 种,所以依次取 7 个数的取法共有 10^7 种. 而取出的 7 个数字全不相同的取法共有

$$10 \times 9 \times 8 \times 7 \times 6 \times 5 \times 4$$

种,所以事件 A 发生的概率[②]为

$$P(A) = \frac{10 \times 9 \times 8 \times 7 \times 6 \times 5 \times 4}{10^7} = 0.0605$$

若取出的 7 个数字中不含 1 与 10,则取法共有 8^7 种,所以事件 B 发生的概率为

$$P(B) = \frac{8^7}{10^7} = 0.2097$$

在事件 C 中,出现 10 的两次可以是 7 次中的任意两次,故有 C_7^2 种选择,其他 5 个数只能在其他 9 个数中任意选取,有 9^5 种取法,故事件 C 发生的概率为

$$P(C) = \frac{C_7^2 \cdot 9^5}{10^7} = 0.124$$

例 1.3.4 所反映的问题也具有代表性,我们常常把这类问题称为随机取数问题.

---

② 为了书写方便,该步计算中的约等于"≈"写成了等于"=",在本书以后的具体计算中均采用这个约定.

例 1.3.5 有 n 个人，每个人都以同样的概率 $\dfrac{1}{N}$（$n \leq N$）被分配在 N 间房中的每一间，试求下列各事件的概率：

A：某指定 n 间房中各有 1 人；

B：恰有 n 间房，其中各有 1 人；

C：某指定房间中恰有 m（$m \leq n$）人．

解 将 n 个人分配到 N 间房中的每一种分法构成一基本事件．由于将每个人分配在 N 间房中的分法有 N 种，所以依次将 n 个人分配在 N 间房中的分法共有 N^n 种．

现固定某 n 间房，则将 n 个人分配到这 n 间房中且每间恰有 1 人的分法有 $n!$ 种，故事件 A 发生的概率为

$$P(A) = \frac{n!}{N^n}$$

如果这 n 间房自 N 间中任意选出，那么共有 C_N^n 种选法，因而事件 B 共包含 $C_N^n n!$ 个样本点，于是事件 B 发生的概率为

$$P(B) = \frac{C_N^n n!}{N^n} = \frac{N(N-1)\cdots(N-n+1)}{N^n}$$

事件 C 中所说的 m 个人可自 n 个人中任意选出，共有 C_n^m 种选法，其余 $n-m$ 个人可任意分配在其余的 $N-1$ 个房间里，共有 $(N-1)^{n-m}$ 种分法，因而事件 C 共包含 $C_n^m(N-1)^{n-m}$ 个样本点，于是事件 C 发生的概率为

$$P(C) = \frac{C_n^m(N-1)^{n-m}}{N^n}$$

例 1.3.5 所反映的问题同样具有代表性，其中的"人""房子"可换为"质点""格子"或"球""盒子"等，我们常常把这类问题称为分房问题．

1.3.2 几何概型

上面，我们从概率的公理化定义出发，获得了古典概型的概率计算公式．下面，我们来讨论概率论中另一个比较重要、比较特殊的概型——几何概型．

回忆 1.1 节所说的试验 E_7 和 E_8 及相应的样本空间 Ω_7 和 Ω_8，不难发现，这两个试验的样本点的个数都是无限的，但在几何意义上，它们却有如下两个共同的特性：

（1）（按测度的有限性） 试验的样本空间 Ω 是可测的（即可用长度、面积或体积等几何度量函数 $m(\cdot)$ 来度量其"大小"）且样本空间的测度 $m(\Omega)$（即 Ω 的长度、面积或体积等"大小"值）为正实数，即

$$0 < m(\Omega) < +\infty$$

（2）（按测度等可能性） 试验中同测度的事件发生的可能性是相同的，即对试验的任意两个事件 A，B，若 $m(A) = m(B)$，则

$$P(A) = P(B)$$

具有以上两个特性的试验在现实中也是大量存在的．我们把满足上述两个特性的试验称为按测度等可能试验．这种试验在概率论发展史上也是主要的研究对象，由于它与试验的几何特征（如长度、面积、体积等）有关，所以人们称它为几何概型．几何概型

的概念也具有直观、容易理解的特点. 因此, 在实践中也有着广泛的应用.

比较几何概型与古典概型的两个特性及它们的定义, 我们不难看出, 这两种概型有着极其相似的特点. 因此, 对几何概型, 我们也可以推得完全类似的概率计算公式.

定理 1.3.2 设 E 是按测度等可能的试验, $m(\cdot)$ 是相应的测度函数, 则事件 A 的概率为

$$P(A) = \frac{m(A)}{m(\Omega)} \qquad (1.5)$$

式 (1.5) 称为几何概型的概率计算公式 (历史上也称之为几何概率定义). 计算几何概率的关键是: 把样本空间 Ω 和事件 A 用图形描述清楚, 通过计算相关图形的测度或几何度量 (如长度、面积、体积等) 来计算事件的概率.

例 1.3.6 (会面问题) 甲、乙两人相约在 $0 \sim T$ 这段时间内在预定地点会面. 先到的人应等候另一个人, 经过时间 t ($t < T$) 后离去. 假定两个人各自独立地在这段时间内到达, 且每个人在 $0 \sim T$ 这段时间内各时刻到达预定地点是等可能的, 求甲、乙两人能会面的概率.

解 以 x, y 分别表示甲、乙两人到达的时刻, 则
$$0 \leqslant x \leqslant T, \qquad 0 \leqslant y \leqslant T$$
如果我们以 x, y 为坐标建立平面直角坐标系, 则试验的样本空间可用正方形 $\{(x, y) \mid 0 \leqslant x, y \leqslant T\}$ 内的点来表示 (图 1.2). 而甲、乙两人能在预定地点会面的充分必要条件是
$$|x - y| \leqslant t$$
即 (x, y) 落在图 1.2 中的阴影部分. 由假设可知这是一几何概型. 故由几何概型的概率计算公式可知, 甲、乙两人能会面的概率等于阴影部分的测度 (即面积) 与正方形的测度 (即面积) 之比:

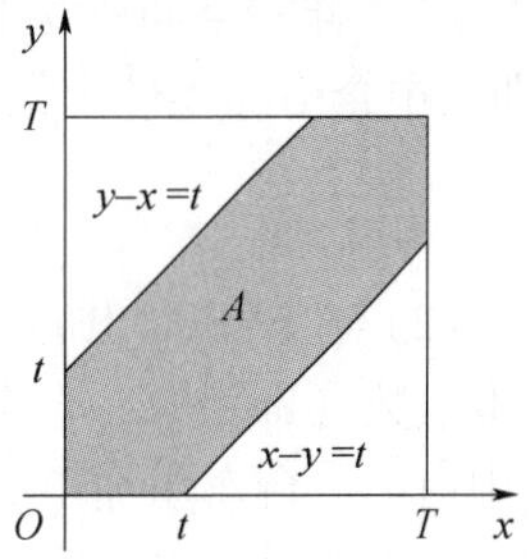

图 1.2

$$p = \frac{T^2 - (T - t)^2}{T^2} = 1 - \left(1 - \frac{t}{T}\right)^2$$

思考题 在单位圆 C 内"任意"作一弦 (按自己的理解), 试求此弦长度 l 大于圆内接等边三角形的边长的概率 P.

提示

(1) 认为"任意"弦的中点落在圆 C 内各点是任意的;

(2) 由于对称, 故不妨先固定弦的一端 A 于圆周上, 认为"任意"弦的另一端 B 落在圆周 C 上各点是任意的;

(3) 由于对称, 故不妨先固定弦的方向使它垂直于圆 C 的某直径 AB, 认为"任意"弦的中点 M 落在直径 AB 上各点是任意的.

1.4 条件概率

1.4.1 条件概率与乘法公式

在实际问题中, 我们常常要考虑在事件 B 已经发生的条件下事件 A 发生的概率, 这

种概率称为在事件 B 发生的条件下事件 A 发生的条件概率，记作 $P(A|B)$.

例 1.4.1 设两台车床加工同一种机械零件共 100 个，见下表：

项目	合格品数	次品数	合计
第一台车床加工的零件数	35	5	40
第二台车床加工的零件数	51	9	60
合计	86	14	100

从这 100 个零件中任取一个，

（1）求取出的零件是合格品的概率；

（2）若已知取出的零件是由第一台车床加工的，求它是合格品的概率.

解 设事件 A 表示取出的零件是合格品，B 表示取出的零件是由第一台车床加工的，则利用古典概型的概率计算公式可分别求得概率如下：

（1）样本空间所含的样本点数（即总零件个数）是 100，事件 A 所含的样本点数（即其中合格品零件个数）是 86，所以取出的零件是合格品的概率为

$$P(A) = \frac{86}{100} = 0.86$$

（2）在已知取出的零件是由第一台车床加工的条件下，可取到的样本空间所含的样本点数（即由第一台车床加工的零件总数）是 40，此时事件 A 所含的样本点数（即其中由第一台车床加工的合格品零件个数）是 35，所以在已知取出的零件是由第一台车床加工的条件下，取出的零件是合格品的概率为

$$P(A|B) = \frac{35}{40} = 0.875$$

如果在例 1.4.1 中再注意到

$$P(A) = \frac{86}{100}, \quad P(B) = \frac{40}{100}, \quad P(AB) = \frac{35}{100}$$

则有

$$P(A|B) = \frac{P(AB)}{P(B)}$$

这个式子非常重要，虽然我们以特例形式引入，但不难证明，它对一般的古典概型问题也成立.

在几何概型中，若以 $m(A)$，$m(B)$，$m(AB)$，$m(\Omega)$ 分别记事件 A，B，AB，Ω 所对应点集的测度，且 $m(B) > 0$，则

$$P(A|B) = \frac{m(AB)}{m(B)} = \frac{m(AB)/m(\Omega)}{m(B)/m(\Omega)} = \frac{P(AB)}{P(B)}$$

结果与古典概型相同.

对频率也有类似的结果，请读者自行验证.

综上讨论，在一般场合，很自然地把这个算式作为条件概率的定义.

定义 1.4.1 设 $(\Omega, \mathcal{F}, P)$ 是一个概率空间，$B \in \mathcal{F}$，且 $P(B) > 0$，则对任意事件 $A \in \mathcal{F}$，记

$$P(A|B) = \frac{P(AB)}{P(B)} \tag{1.6}$$

并称 $P(A \mid B)$ 为在事件 B 发生的条件下事件 A 发生的条件概率.

若未经特别指出, 今后出现条件概率 $P(A \mid B)$ 时, 总是假定 $P(B) > 0$. 若 $P(B) = 0$, 由于此时 $P(AB) = 0$, 因此式 (1.6) 为待定型, 进一步的研究是可能的, 但已超出本书讨论的范围.

易知, $P(\cdot \mid B)$ 是 $(\Omega, \mathcal{F})$ 上的概率, 即 $P(\cdot \mid B)$ 满足:

(1) 对任何 $A \in \mathcal{F}$, $P(A \mid B) \geqslant 0$;

(2) $P(\Omega \mid B) = 1$;

(3) 对 $\mathcal{F}$ 中任一两两互不相容的事件列 A_1, A_2, $\cdots$, 有

$$P\left(\sum_{i=1}^{\infty} A_i \mid B\right) = \sum_{i=1}^{\infty} P(A_i \mid B)$$

设 $P_B(\cdot) = P(\cdot \mid B)$, 则上述事实表明, $(\Omega, \mathcal{F}, P_B)$ 是一个概率空间, 称为条件概率空间. 因此, 1.2.3 小节中关于概率的所有性质对条件概率都成立, 例如

$$P(\varnothing \mid B) = 0$$
$$P(\overline{A} \mid B) = 1 - P(A \mid B)$$
$$P(A - C \mid B) = P(A \mid B) - P(AC \mid B)$$
$$P(A_1 \cup A_2 \mid B) = P(A_1 \mid B) + P(A_2 \mid B) - P(A_1 A_2 \mid B)$$

我们可以从两个观点来看条件概率.

一个观点认为可测空间 $(\Omega, \mathcal{F})$ 没有变, 只是概率改变了, 即由 P 变为 P_B, 它对任何 $A \in \mathcal{F}$ 都有定义, 并且

$$P_B(A) = P(A \mid B) = \frac{P(AB)}{P(B)}$$

即概率空间由 $(\Omega, \mathcal{F}, P)$ 变为 $(\Omega, \mathcal{F}, P_B)$.

另一个观点认为可测空间也改变了, 样本空间由 Ω 变为 $\Omega_1 = \Omega \cap B$, 而事件域由 $\mathcal{F}$ 变为 $\mathcal{F}_1 = \{C \cap B \mid C \in \mathcal{F}\}$, 概率也由 P 变为

$$P_1(A) = \frac{P(A)}{P(B)}, \qquad A \in \mathcal{F}_1$$

即概率空间由 $(\Omega, \mathcal{F}, P)$ 变为 $(\Omega_1, \mathcal{F}_1, P_1)$.

当然, 上述两种观点并没有本质区别, 只是看待问题的角度不同, 在一般性理论问题中, 通常采用第一种观点, 而在条件概率的具体计算中, 则多采用第二种观点.

由式 (1.6) 立即得到

$$P(AB) = P(B) P(A \mid B) \tag{1.7}$$

这个等式被称为概率的乘法公式或乘法定理.

若还有 $P(A) > 0$, 则也可定义 $P(B \mid A) = \dfrac{P(AB)}{P(A)}$, 这时也有

$$P(AB) = P(A) P(B \mid A) \tag{1.8}$$

乘法公式可以推广到 n 个随机事件的情形, 这时有

$$P(A_1 A_2 \cdots A_n) = P(A_1) P(A_2 \mid A_1) P(A_3 \mid A_1 A_2) \cdots P(A_n \mid A_1 A_2 \cdots A_{n-1})$$

这里要求 $P(A_1 A_2 \cdots A_{n-1}) > 0$.

例 1.4.2 一批零件共 100 个, 次品率为 10%, 每次从其中任取一个零件, 取出的

零件不放回，求第三次才取得合格品的概率．

解 设事件 A_i 表示第 i 次取得合格品（$i = 1$，2，3）．按题意，第三次才取得合格品的概率可由乘法公式求得，为

$$P\left(\overline{A_1}\,\overline{A_2}A_3\right) = P\left(\overline{A_1}\right)\,P\left(\overline{A_2}\mid\overline{A_1}\right)\,P\left(A_3\mid\overline{A_1}\,\overline{A_2}\right) = \frac{10}{100}\times\frac{9}{99}\times\frac{90}{98} = 0.00835$$

例 1.4.3 在例 1.4.2 中，如果取得一个合格品后，就不再继续取零件，求在三次内取得合格品的概率．

解法一 按题意，"在三次内取得合格品"（设为事件 A）指的是：第一次取得合格品，或第二次才取得合格品，或第三次才取得合格品，所以按例 1.4.2 的记号应有

$$A = A_1 + \overline{A_1}A_2 + \overline{A_1}\,\overline{A_2}A_3$$

故由加法公式、乘法公式及例 1.4.2 的结果可得所求概率为

$$\begin{aligned}
P\left(A\right) &= P\left(A_1\right) + P\left(\overline{A_1}A_2\right) + P\left(\overline{A_1}\,\overline{A_2}A_3\right) \\
&= P\left(A_1\right) + P\left(\overline{A_1}\right)\,P\left(A_2\mid\overline{A_1}\right) + P\left(\overline{A_1}\,\overline{A_2}A_3\right) \\
&= \frac{90}{100} + \frac{10}{100}\times\frac{90}{99} + 0.00835 = 0.9993
\end{aligned}$$

解法二 事件 A 的对立事件就是三次都取得次品，即

$$\overline{A} = \overline{A_1}\,\overline{A_2}\,\overline{A_3}$$

故由概率的性质和乘法公式知，所求概率为

$$\begin{aligned}
P\left(A\right) &= 1 - P\left(\overline{A}\right) = 1 - P\left(\overline{A_1}\,\overline{A_2}\,\overline{A_3}\right) \\
&= 1 - P\left(\overline{A_1}\right)\,P\left(\overline{A_2}\mid\overline{A_1}\right)\,P\left(\overline{A_3}\mid\overline{A_1}\,\overline{A_2}\right) \\
&= 1 - \frac{10}{100}\times\frac{9}{99}\times\frac{8}{98} = 0.9993
\end{aligned}$$

1.4.2 全概率公式与贝叶斯公式

大家知道，概率最重要的特性之一就是它的可加性．这启示我们在求比较复杂的事件的概率时可考虑将其划分为若干个子事件进行计算，这一想法提示我们建立下面重要的全概率公式．为此，先引入样本空间的划分定义．

定义 1.4.2 设 Ω 为试验 E 的样本空间，B_1，B_2，$\cdots$ 为 E 的有限或可列多个两两互不相容的事件且满足

$$\Omega = B_1 + B_2 + \cdots$$

则称 B_1，B_2，$\cdots$ 为样本空间 Ω 的一个划分．

若 B_1，B_2，$\cdots$ 是样本空间 Ω 的一个划分，那么，对每次试验，事件 B_1，B_2，$\cdots$ 中必有且仅有一个发生．按此划分我们有以下定理．

定理 1.4.1 设 Ω 是试验 E 的样本空间，B_1，B_2，$\cdots$ 为 Ω 的一个划分，且 $P\left(B_i\right) > 0$（$i = 1$，2，$\cdots$），则对 E 的任一事件 A，有

$$P(A) = \sum_i P(B_i)P(A\mid B_i) \tag{1.9}$$

证 由 $\Omega = B_1 + B_2 + \cdots$ 知

$$A = A\Omega = AB_1 + AB_2 + \cdots$$

故由概率的可列可加性和概率乘法公式得

$$P(A) = \sum_i P(AB_i) = \sum_i P(B_i)P(A \mid B_i)$$

公式（1.9）称为全概率公式．这个名称的由来，从公式（1.9）就可以悟出："全"部概率 $P(A)$ 被分解成了许多部分之和．它的理论和实用意义在于：在较复杂的情况下直接算 $P(A)$ 不易，但通过适当构造一组 B_i（$i = 1$，2，…），使得 $P(B_i)$ 和 $P(A \mid B_i)$ 都易算，这样利用全概率公式可以起到简化计算的作用．

全概率公式还可以从另一个角度去理解，把 B_i 看成导致事件 A 发生的一种可能途径，对不同途径，A 发生的概率即条件概率 $P(A \mid B_i)$ 各不相同，而采取哪个途径却是随机的．直观上理解，在这种机制下，A 的综合概率 $P(A)$ 应介于最小的 $P(A \mid B_i)$ 和最大的 $P(A \mid B_i)$ 之间，它也不一定是所有 $P(A \mid B_i)$ 的算术平均，因为各途径被使用的机会 $P(B_i)$ 各不相同，应该是诸 $P(A \mid B_i)$（$i = 1$，2，…）以 $P(B_i)$（$i = 1$，2，…）为权的加权平均．一个形象的例子如下：某中学有若干个毕业班，各班的升学率不同，其总升学率是各班升学率的加权平均，其权与各班学生数成比例．再如，若干工厂生产同一产品，其废品率各不相同．若将各厂产品汇总，则总废品率为各厂废品率的加权平均，其权与各厂产量成比例．

如果进一步假定 $P(A) > 0$，则由全概率公式和条件概率计算公式又可推得，对任意的 i（$i = 1$，2，…），都有

$$P(B_i \mid A) = \frac{P(AB_i)}{P(A)} = \frac{P(B_i)P(A \mid B_i)}{\sum_j P(B_j)P(A \mid B_j)}$$

于是我们又证明了下面的定理．

定理1.4.2 设 Ω 是试验 E 的样本空间，B_1，B_2，… 为 Ω 的一个划分，且 $P(B_i) > 0$（$i = 1$，2，…），A 是 E 的任一事件且 $P(A) > 0$，则对任意的 i（$i = 1$，2，…），有

$$P(B_i \mid A) = \frac{P(AB_i)}{P(A)} = \frac{P(B_i)P(A \mid B_i)}{\sum_j P(B_j)P(A \mid B_j)} \tag{1.10}$$

公式（1.10）称为贝叶斯（Bayes）公式，是概率论中一个著名的公式，这个公式首先出现在英国学者贝叶斯（1702—1761）去世后的 1763 年的一本著作中．

贝叶斯公式提出了重要的逻辑推理思路，在概率论和数理统计中有着多方面的应用．假定 B_1，B_2，… 是导致试验结果的"原因"，$P(B_i)$ 称为先验概率，它反映了各种"原因"发生的可能性大小，一般是以往经验的总结，在试验前就已经知道．现在若试验产生了事件 A，这个信息将有助于探讨事件发生的"原因"．条件概率 $P(B_i \mid A)$ 称为后验概率，它反映了试验之后对各种"原因"发生的可能性大小的新知识．例如，在医疗诊断中，医生为了诊断病人到底是患了疾病 B_1，B_2，…，B_n 中的哪一种，对病人进行观察与检查，确定了某个指标 A（比如体温、脉搏、血液中转氨酶含量等），医生想用这类指标来帮助诊断．这时就可以用贝叶斯公式来计算有关概率．首先必须确定先验概率 $P(B_i)$，这实际上是确定人患各种疾病的可能性大小，以往的资料可以给出一些初步数据；其次是要确定 $P(A \mid B_i)$，这里当然主要依靠医学知识．有了它们，利用贝叶斯公式就可算出 $P(B_i \mid A)$．显然，对应于较大 $P(B_i \mid A)$ 的"病因"应多加考虑．在实际工作中，检查的指标 A 一般有多个，综合所有的后验概率，当然会对诊断

有很大帮助．在实现计算机自动诊断或辅助诊断的专家系统时，这种方法是有实用价值的．

下面介绍应用贝叶斯公式的几个例子．

例 1.4.4 某工厂生产的产品以 100 个为一批．在进行抽样检查时，只从每批中抽取 10 个来检查．如果发现其中有次品，则认为这批产品不合格，不能通过检查．假定每一批产品中的次品最多不超过 4 个，并且其中恰有 0，1，2，3，4 个次品的概率分别为 0.1，0.2，0.4，0.2，0.1，求每批产品能通过检查的概率．

解 设 B_i 表示一批产品中恰有 i 个次品（$i = 0$，1，2，3，4）．而事件 A 表示这批产品能通过检查，即抽样检查的 10 个产品都是合格产品，则我们有

$$P(B_0) = 0.1,\ P(A \mid B_0) = 1$$

$$P(B_1) = 0.2,\ P(A \mid B_1) = \frac{C_{99}^{10}}{C_{100}^{10}} = 0.9$$

$$P(B_2) = 0.4,\ P(A \mid B_2) = \frac{C_{98}^{10}}{C_{100}^{10}} = 0.809$$

$$P(B_3) = 0.2,\ P(A \mid B_3) = \frac{C_{97}^{10}}{C_{100}^{10}} = 0.727$$

$$P(B_4) = 0.1,\ P(A \mid B_3) = \frac{C_{96}^{10}}{C_{100}^{10}} = 0.652$$

故由全概率公式即得所求概率为

$$P(A) = \sum_{i=0}^{4} P(B_i) P(A \mid B_i) = 0.8142$$

例 1.4.5 在例 1.4.4 中，求检查通过（即事件 A 发生）的每批产品中恰有 i 个次品的概率（$i = 0$，1，2，3，4）．

解 按条件概率计算公式即得所求概率分别为

$$P(B_0 \mid A) = \frac{P(B_0) P(A \mid B_0)}{P(A)} = \frac{0.1 \times 1}{0.8142} = 0.123$$

$$P(B_1 \mid A) = \frac{P(B_1) P(A \mid B_1)}{P(A)} = \frac{0.2 \times 0.9}{0.8142} = 0.221$$

$$P(B_2 \mid A) = \frac{P(B_2) P(A \mid B_2)}{P(A)} = \frac{0.4 \times 0.809}{0.8142} = 0.397$$

$$P(B_3 \mid A) = \frac{P(B_3) P(A \mid B_3)}{P(A)} = \frac{0.2 \times 0.727}{0.8142} = 0.179$$

$$P(B_4 \mid A) = \frac{P(B_4) P(A \mid B_4)}{P(A)} = \frac{0.1 \times 0.652}{0.8142} = 0.080$$

当然也可按贝叶斯公式计算上述概率，如

$$P(B_0 \mid A) = \frac{P(B_0)P(A \mid B_0)}{\sum\limits_{i=0}^{4} P(B_i)P(A \mid B_i)} = \frac{0.1 \times 1}{0.8142} = 0.123$$

如果在例 1.4.4 中，进行一次试验，若 A 发生了（即检查通过了），则由例 1.4.5 可知这批产品中恰有 i 个次品的概率也发生如下的变化：

一批产品中的次品数	0	1	2	3	4
检查以前的经验概率	0.100	0.200	0.400	0.200	0.100
检查通过后的条件概率	0.123	0.221	0.397	0.179	0.080
概率增加量	0.023	0.021	−0.003	−0.021	−0.020

这种变化表明：在产品通过检查后，我们应当按照试验后（即 A 发生）的条件概率重新认识这批产品．从表中不难看出，在检查通过的各批产品中，次品数较少的概率要比我们事先估计的大，而次品数较多的概率要比我们事先估计的小，亦即，这批产品的实际质量要优于我们事先对这批产品的估计．这也正是这批产品能够顺利通过检查的原因．有了后验概率，我们对产品的质量情况就有了进一步的了解．

例 1.4.6 临床诊断记录表明，利用某种试验检查癌症具有如下的效果：对癌症患者进行试验的结果呈阳性反应者占 95%．对非癌症患者进行试验的结果呈阴性反应者占 96%．现在用这种试验对某市居民进行癌症普查，假如该市的癌症患者数约占居民总数的 0.4%，求：

（1）试验结果呈阳性反应者确实患有癌症的概率；

（2）试验结果呈阴性反应者确实未患癌症的概率．

解 设事件 A 表示试验结果呈阳性反应，事件 B 表示被检查者患有癌症，则按题意有

$$P(B)=0.004, P(A|B)=0.95, P(\bar{A}|\bar{B})=0.96$$

由此可知

$$P(\bar{B})=0.994, P(\bar{A}|B)=0.05, P(A|\bar{B})=0.04$$

于是，按贝叶斯公式得

$$(1)\ P(B|A)=\frac{P(B)P(A|B)}{P(B)P(A|B)+P(\bar{B})P(A|\bar{B})}$$
$$=\frac{0.004\times0.95}{0.004\times0.95+0.996\times0.04}=0.0871$$

这表明：试验结果呈阳性反应者确实患有癌症的可能性并不大，还需通过进一步检查才能确诊；否则，将会得出错误的诊断．

$$(2)\ P(\bar{B}|\bar{A})=\frac{P(\bar{B})P(\bar{A}|\bar{B})}{P(B)P(\bar{A}|B)+P(\bar{B})P(\bar{A}|\bar{B})}$$
$$=\frac{0.996\times0.96}{0.004\times0.05+0.996\times0.96}=0.9998$$

这表明：试验结果呈阴性反应者未患癌症的可能性极大，因此，这可作为排除呈阴性反应者患癌症的重要依据之一．

在贝叶斯公式的使用中，最有争议之点就是先验概率的选取．我们上面所举的两个例子中，这些先验概率都是通过以往大量实际调查而得出的，符合概率的频率解释，因此使用中不至于产生疑问．不过，在贝叶斯公式的使用中也还存在着另一种情况，就是先验概率是由某一种主观的方式给定的，譬如对于未来宏观经济形势的看法，对物价、利率、汇率变化的估计，对某种新型产品上市后受欢迎程度的预估，甚至对某星球上存在生命现象的估计，等等．这种把概率解释为信任程度的做法含有明显的主观性，通常

称为主观概率. 主观概率与贝叶斯学派的发展息息相关,后者是第二次世界大战后得到很快发展的统计学派,理论上与决策理论关系密切,并且找到不少应用.

1.5 随机事件的独立性

本节我们将引进一个新的概念——事件的独立性. 先从两个事件的独立性开始,然后讨论更一般的场合,最后介绍事件的独立性在概率计算中的应用.

1.5.1 两个事件的独立性

一般情况下,$P(A \mid B) \neq P(A)$,这反映了这两个事件之间存在着一些关联. 例如,若 $P(A \mid B) > P(A)$,这表明事件 B 发生使事件 A 发生的可能性增大了,即事件 B 发生促进了事件 A 发生. 反之,若 $P(A \mid B) = P(A)$,则事件 B 发生与否对事件 A 发生的可能性毫无影响[③]. 若还有 $0 < P(A) < 1$,则由乘法公式和条件概率的定义也可推得 $P(B \mid A) = P(B) = P(B \mid \bar{A})$,即事件 A 发生与否对事件 B 发生的可能性也没有任何影响. 这时,在概率论上就称事件 A 和 B 相互独立,简称为独立. 那么,如何给出两个事件相互独立的定义呢? 根据前面的分析,若 A 和 B 相互独立,则由条件概率的定义可得

$$P(AB) = P(A) P(B) \tag{1.11}$$

当 $P(B) = 0$ 或 $P(A) = 0$ 时,由概率的单调性可知式(1.11)仍然成立. 反之,若 $P(AB) \neq P(A) P(B)$,则必有 $P(A) > 0$,$P(B) > 0$,从而由条件概率的定义可得 $P(A \mid B) \neq P(A)$,$P(B \mid A) \neq P(B)$,即事件 A 和 B 相互影响.

据此,我们给出如下定义.

定义 1.5.1 设 $(\Omega, \mathcal{F}, P)$ 是一个概率空间,$A, B \in \mathcal{F}$,若事件 A, B 满足

$$P(AB) = P(A) P(B) \tag{1.12}$$

则称 A 和 B 相互独立,简称为 A 和 B 独立.

按照这一定义,必然事件 Ω 和不可能事件 $\varnothing$ 与任何事件独立.

需要指出,在实际问题中,我们并不常用式(1.12)去判断两个事件 A 和 B 是否独立,而是相反,从事件的实际角度去分析判断其不应有关联,因而是独立的,然后就可以用式(1.12). 例如,两个工人分别在两台机床上进行生产,彼此各不相干,则各自是否生产出废品或多少废品这类事件应是独立的. 一个城市中两个相距较远的地段是否发生交通事故、一个人的收入与其姓氏笔画,这类事件凭常识推想应是独立的.

由独立性定义可得如下两个定理,定理的证明请读者自行完成.

定理 1.5.1 若事件 A 和 B 相互独立,且 $P(B) > 0$,则

$$P(A \mid B) = P(A) \tag{1.13}$$

---

③ 这样说应补充: 由 $P(A \mid B) = P(A)$ 也可以推出 $P(A \mid \bar{B}) = P(A)$,$\bar{B}$ 为 B 的对立事件. 事实上,由 $P(A \mid B) = P(A)$ 及条件概率的定义知 $P(AB) = P(A) P(B)$. 因为 $A = AB + A\bar{B}$,且 AB 与 $A\bar{B}$ 互不相容,所以 $P(A\bar{B}) = P(A) - P(AB) = P(A) - P(A) P(B) = P(A) P(\bar{B})$. 故 $P(A \mid \bar{B}) = P(A\bar{B}) / P(\bar{B}) = P(A)$.

定理 1.5.1 表明，若 A 和 B 相互独立，则 A 关于 B 的条件概率等于 A 的无条件概率. 这表明，事件 B 的发生对事件 A 是否发生没有提供任何信息，独立性就是把这种关系从数学上加以严格定义. 反之，若 $P(A\mid B)=P(A)$，也可以推出 A 和 B 相互独立. 正因为有定理 1.5.1，所以在有些教科书中把式（1.13）作为两个事件独立的定义. 和这一定义相比，定义 1.5.1 具有如下优点：第一，未使用条件概率，易于推广到多个事件的场合；第二，允许 $P(A)=0$ 或 $P(B)=0$，适用范围更广；第三，A 与 B 的位置对称，体现了独立的相互性.

利用两个事件相互独立的定义，容易证明如下结论.

定理 1.5.2 若事件 A 和 B 相互独立，则下列各对事件也相互独立：
$$\{\overline{A}, B\}, \{A, \overline{B}\}, \{\overline{A}, \overline{B}\}$$

1.5.2 三个事件的独立性

下面我们给出三个事件独立的定义.

定义 1.5.2 设 $(\Omega, \mathcal{F}, P)$ 是一个概率空间，$A, B, C \in \mathcal{F}$，若事件 A, B, C 满足
$$\left.\begin{array}{l} P(AB)=P(A)P(B) \\ P(AC)=P(A)P(C) \\ P(BC)=P(B)P(C) \end{array}\right\} \tag{1.14}$$
则称 A, B, C 两两独立；若 A, B, C 还满足
$$P(ABC)=P(A)P(B)P(C) \tag{1.15}$$
则称 A, B, C 相互独立.

读者自然会提出这样一个问题：三个事件 A, B, C 两两独立，能否保证它们相互独立呢？即能否由式（1.14）推出（1.15）式？回答是否定的，这从下面简单的例子就可看出.

例 1.5.1 设袋中有 4 个球，其中 1 个红球、1 个白球、1 个黑球，还有 1 个画着红、白、黑 3 种颜色的球. 现从袋中任取一球，并设 A, B, C 分别表示取出的球上画有红、白、黑各色的事件，则按古典概型的概率计算公式容易算得
$$P(A)=P(B)=P(C)=\frac{1}{2}, P(AB)=P(AC)=P(BC)=\frac{1}{4}, P(ABC)=\frac{1}{4}$$
由于 $P(AB)=P(A)P(B), P(AC)=P(A)P(C), P(BC)=P(B)P(C)$，故 A, B, C 两两独立. 但由于 $P(ABC)\neq P(A)P(B)P(C)$，故 A, B, C 不独立.

类似于两个事件的独立性，有下面的结论.

例 1.5.2 证明若事件 A, B, C 相互独立，则下列各对事件也相互独立：
$$\{A\cup B, C\}, \{A\cap B, C\}, \{A-B, C\}$$
证 因为
$$\begin{aligned} P((A\cup B)C) &= P((AC)\cup(BC)) \\ &= P(AC)+P(BC)-P(ABC) \\ &= P(A)P(C)+P(B)P(C)-P(A)P(B)P(C) \end{aligned}$$

$$= [P\ (A)\ +P\ (B)\ -P\ (A)\ P\ (B)]P\ (C)$$
$$= [P\ (A)\ +P\ (B)\ -P\ (AB)]P\ (C)$$
$$= P\ (A\cup B)\ P\ (C)$$

所以 $A\cup B$ 与 C 相互独立.

又因为

$$P\ [\ (A-B)\ C]\ =P\ (\overline{A}BC)\ =P\ (\overline{A}CB)\ =P\ (AC-B)$$
$$= P\ (AC-ABC)\ =P\ (AC)\ -P\ (ABC)$$
$$= P\ (A)\ P\ (C)\ -P\ (A)\ P\ (B)\ P\ (C)$$
$$= [P\ (A)\ -P\ (AB)]P\ (C)$$
$$= P\ (A-B)\ P\ (C)$$

所以 $A-B$ 与 C 也相互独立. 请读者自行证明 $A\cap B$ 与 C 相互独立.

1.5.3　多个事件的独立性

在有些实际问题中，需要考虑多个事件的独立性. 下面，我们把事件的独立性由三个事件推广到 $n\ (n>3)$ 个事件的场合.

定义1.5.3　设 $(\Omega,\ \mathscr{F},\ P)$ 是一个概率空间，$A_1,\ A_2,\ \cdots,\ A_n\in\mathscr{F}\ (n>3)$ 是 n 个事件，如果对任意正整数 $k\ (2\leqslant k\leqslant n)$ 以及任意 k 个正整数 $1\leqslant i_1<i_2<\cdots<i_k\leqslant n$，都有

$$P\ (A_{i_1}A_{i_2}\cdots A_{i_k})\ =P\ (A_{i_1})\ P\ (A_{i_2})\ \cdots P\ (A_{i_k}) \tag{1.16}$$

则称 $A_1,\ A_2,\ \cdots,\ A_n$ 相互独立.

更一般地，如果可列个事件 $A_1,\ A_2,\ \cdots$ 中任意 n 个事件是相互独立的，则称这可列个事件 $A_1,\ A_2,\ \cdots$ 是相互独立的.

容易证明：当 n 个事件 $A_1,\ A_2,\ \cdots,\ A_n$（或可列个事件 $A_1,\ A_2,\ \cdots$）独立时，如果把其中任意几个换成其对立事件，则所得的新事件组仍然独立；如果取其中任意 k 个事件，则这 k 个事件也独立，并且是两两独立的.

从事件独立性的定义立刻能看出，若事件是独立的，则许多概率的计算就可以大为简化. 下面举一个例子.

若 $A_1,\ A_2,\ \cdots,\ A_n$ 是 n 个独立的事件，则由于

$$\overline{A_1\cup A_2\cup\cdots\cup A_n}=\overline{A_1}\ \overline{A_2}\cdots\overline{A_n}$$

因此

$$P\ (A_1\cup A_2\cup\cdots\cup A_n)\ =1-P\ (\overline{A_1}\ \overline{A_2}\cdots\overline{A_n})$$
$$= 1-P\ (\overline{A_1})\ P\ (\overline{A_2})\ \cdots P\ (\overline{A_n})$$
$$= 1-[1-P\ (A_1)][1-P\ (A_2)]\cdots[1-P\ (A_n)] \tag{1.17}$$

这个公式比起不独立的场合，要简便很多，经常被用到.

例1.5.3　袋内有 5 个白球和 3 个黑球，从中有放回地取 3 个球，每次取一个球，求至少取到一个白球的概率.

解法一　设事件 A_i 表示第 i 次取到白球 $(i=1,\ 2,\ 3)$，A 表示至少取到一个白球，则

$$A=A_1\cup A_2\cup A_3$$

故由加法公式和乘法公式得

$$
\begin{aligned}
P\ (A) &= P\ (A_1 \cup A_2 \cup A_3) \\
&= P\ (A_1)\ + P\ (A_2)\ + P\ (A_3)\ - P\ (A_1A_2)\ - P\ (A_1A_3)\ - \\
&\quad P\ (A_2A_3)\ + P\ (A_1A_2A_3) \\
&= \frac{5}{8} + \frac{5}{8} + \frac{5}{8} - \frac{5}{8} \times \frac{5}{8} - \frac{5}{8} \times \frac{5}{8} - \frac{5}{8} \times \frac{5}{8} + \frac{5}{8} \times \frac{5}{8} \times \frac{5}{8} = \frac{485}{512}
\end{aligned}
$$

解法二 由于是有放回地取球，故 A_1，A_2，A_3 独立，于是由式（1.17）可得

$$
\begin{aligned}
P\ (A) &= P\ (A_1 \cup A_2 \cup A_3) \\
&= 1 - [1 - P\ (A_1)][1 - P\ (A_2)][1 - P\ (A_3)] \\
&= 1 - \left(1 - \frac{5}{8}\right)^3 = \frac{485}{512}
\end{aligned}
$$

问题：若采用不放回地取球，则解法二还能用吗？若不能用，请说明理由.

习题 1

1.1 任意抛掷一颗骰子，观察出现的点数，点数为 i 的样本点记作 ω_i. 用 A 表示事件"出现的点数为偶数"，B 表示事件"出现的点数不能被 3 整除"，则：

（1）试验的样本空间为 Ω = _____；

（2）作为样本点的集合，A = _____；

（3）作为样本点的集合，B = _____.

1.2 设 A，B 为两个事件，则下列各事件所表示的意义为：

（1）$\overline{A} \cup \overline{B}$ 表示_____；

（2）$\overline{AB}$ 表示_____；

（3）$\overline{A}\ \overline{B}$ 表示_____；

（4）$\overline{A}A$ 表示_____.

1.3 设 A，B，C 表示三个事件，试将下列事件用 A，B，C 表示，并填入相应的括号中.

（1）A，B，C 都发生. （　　）

（2）A，B，C 都不发生. （　　）

（3）A，B，C 不都发生. （　　）

（4）A，B，C 中至少有一个发生. （　　）

（5）A，B，C 中至少有二个发生. （　　）

（6）A，B，C 中恰好有一个发生. （　　）

（7）A，B，C 中最多有一个发生. （　　）

（8）A 发生，而 B，C 都不发生. （　　）

（9）A 不发生，但 B，C 中至少有一个发生. （　　）

1.4 设 Ω 是试验 E 的样本空间，A_1，A_2，$\cdots$ 均为 E 的事件，证明

$$\overline{\bigcup_{k=1}^{\infty} A_k} = \bigcap_{k=1}^{\infty} \overline{A_k}$$

1.5 化简下列各式：

（1）$A \cup B - A$

（2）$(A \cup B)(A \cup \bar{B})$

（3）$(A \cup B)(B \cup C)$

（4）$(A \cup B)(A \cup \bar{B})(\bar{A} \cup B)$

1.6　设 $P(A) > 0$，$P(B) > 0$，将下列四个数

$$P(A), P(AB), P(A \cup B), P(A) + P(B)$$

按由小到大的顺序排列（用符号"$\leqslant$"联系它们）.

1.7　设 A，B 是两个随机事件．已知

$$P(A) = 0.3, P(B) = 0.4, P(A \cup B) = 0.5$$

求 $P(AB)$，$P(\bar{A}B)$ 及 $P(A - B)$.

1.8　设 A，B，C 是三个随机事件．已知

$$P(A) = 0.25, P(B) = 0.25, P(C) = 0.25$$
$$P(AB) = 0, P(BC) = 0, P(AC) = 0$$

求随机事件 A，B，C 中至少有一个发生的概率.

1.9　设 A，B，C 是三个随机事件．已知

$$P(A) = P(B) = P(C) = 0.5, P(ABC) = 0.2$$
$$P(AB) = P(BC) = P(AC) = 0.3$$

求随机事件 A，B，C 全不发生的概率.

1.10　已知 $P(A) = 0.6$，$P(B) = 0.4$，$AC = \varnothing$，$B \subset C$，求 $P(C)$ 及 $P(C - A)$.

1.11　设 A，B 是两个随机事件．已知 $P(A) = 0.6$，$P(B) = 0.7$，问在什么情况下 $P(AB)$ 取得其最小值，最小值是多少？

1.12　在一批 N 件产品中有 M 件次品，从中任取 $n (n \leqslant N)$ 件，求取出的 n 件产品中：

（1）恰有 $m (m \leqslant M, m \leqslant n)$ 件次品的概率；

（2）有次品的概率.

1.13　在桥牌比赛中，把 52 张牌随机地分给东、南、西、北四家（每家 13 张），求北家的 13 张牌中恰有 5 张黑桃、4 张红心、3 张方块和 1 张草花的概率.

1.14　从 0，1，2，…，9 等 10 个数字中任取一个，求取到奇数的概率.

1.15　设电话号码由 8 位数组成，每位数字可以是 0，1，2，…，9 中任意一个，但第一位数字不能为 0. 现随机地抽取一个电话号码，求该电话号码由全不相同的数字组成的概率.

1.16　为了减少比赛场次，把 20 个球队分成两组，每组 10 个队，求最强的两个队被分在不同组的概率.

1.17　某工厂生产的一批产品共 100 个，其中有 5 个次品．现从中抽取一半来检查，求查出的次品不多于 1 个的概率.

1.18　把 10 本书随机地放在书架上，求其中指定的 3 本书放在一起的概率.

1.19　在 1~100 共 100 个数中任取 1 个，求它能被 2 或 3 或 5 整除的概率.

1.20　将 3 个球随机地投入 4 个盒子中，求

（1）3 个球位于 3 个不同盒子中的概率；

（2）3 个球位于同一个盒子中的概率；

（3）恰有 2 个球位于同一个盒子中的概率.

1.21 甲、乙两艘轮船驶向一个不能同时停泊两艘轮船的码头停泊，它们都在某一昼夜内到达，并且在该昼夜内任何时刻到达都是等可能的. 如果甲船的停泊时间是 1h，乙船的停泊时间是 2h，求其中任何一艘都不需要等候码头空出的概率.

1.22 把长度为 a 的线段按任意方式折成 3 段，求它们能构成三角形的概率.

1.23 设一口袋中有 4 个红球和 3 个白球，从中任取 1 个球后不放回去，再从这口袋中任取 1 个球. 求第一次取得白球而第二次取得红球的概率.

1.24 设事件 A，B 和 $A \cup B$ 的概率依次为 0.5，0.7，0.9，求条件概率 $P(B \mid A)$.

1.25 有 10 个袋子，各袋中装球情况分为下列 3 种：

第 1 种共有 2 袋，各装有 2 个白球和 4 个黑球；

第 2 种共有 3 袋，各装有 3 个白球和 3 个黑球；

第 3 种共有 5 袋，各装有 4 个白球和 2 个黑球.

现从 10 个袋子中任取 1 个，从中任取 2 个球，求取出的都是白球的概率.

1.26 两台车床加工同样的零件，第一台出废品的概率是 0.03，第二台出废品的概率是 0.02. 两台车床加工出来的零件放在一起，且已知第一台加工的零件比第二台多 1 倍，现从其中任取 1 件，求取出合格品的概率.

1.27 在习题 1.26 中，如果取出的零件是废品，求它是第二台车床加工的概率.

1.28 发报台分别以概率 0.6 与 0.4 发出信号"·"与"-". 由于通信系统受到干扰，当发出信号"·"时，收报台分别以概率 0.8 和 0.2 收到信号"·"和"-"；又当发出信号"-"时，收报台分别以概率 0.9 和 0.1 收到信号"-"和"·". 求：

（1）当收报台收到信号"·"时，发报台确系发出"·"的概率；

（2）当收报台收到信号"-"时，发报台确系发出"-"的概率.

1.29 猎人在距离 100 米处射击一动物，击中概率为 0.6；若第一次未击中，则进行第二次射击，但因动物逃跑使距离变为 150 米；若第二次又未击中，则进行第三次射击，这时距离变为 200 米. 假定击中的概率与距离成反比，求猎人击中动物的概率.

1.30 如图 1.3 所示二系统，设构成二系统的每个元件的可靠性都是 p（$0 < p < 1$），并且各个元件能否正常工作是相互独立的，求系统（1），（2）的可靠性，并比较它们的大小.

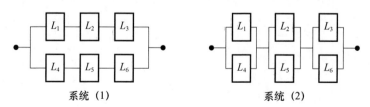

系统（1）　　　　　系统（2）

图 1.3

1.31 一个工人照管 3 台车床，设在 1h 内这 3 台车床不需要工人照管的概率依次为 0.9，0.8，0.7，求在 1h 内 3 台车床中最多有一台需要工人照管的概率.

1.32 甲、乙、丙三人向同一飞机射击，设他们能击中的概率分别是 0.4，0.5，0.7. 如果只有一人击中，则飞机被击落的概率是 0.2；如果有二人击中，则飞机被击落的概率是 0.6；如果三人都击中，则飞机一定被击落. 求飞机被击落的概率.

1.33 证明：（1）Ω 的一切子集组成的集类是一个 σ-代数；（2）若 $\{\mathcal{F}_t \mid t \in T\}$ 是 Ω 上的一族 σ-代数，其中 T 为任意非空指标集，则 $\bigcap_{t \in T} \mathcal{F}_t$ 也是 Ω 上的一个 σ-代数.

2 随机变量及其概率分布

人们引入了数的概念后，就可以使许多事物数量化. 譬如，可以用 1 表示一头牛、一只鸡、一粒种子；在引入数的运算后，又可以用数的运算结果去解释许多同类现象. 这样，产生了数学. 所以，数学是能高度抽象、高度统一地解决世界上许多复杂问题的一门科学.

在现代，信息的数量化使计算机走进了寻常百姓家；图像的数量化使电视画面更加清晰；概率的数量化使我们可用数字把握事件发生的可能性大小；函数概念的引入使我们能容易地描述各种量之间的关系.

而在随机试验中，构成样本空间的样本点可能是数也可能不是数，这对我们全面、深入研究随机试验带来了诸多不便. 为此，我们有必要将随机试验的结果数量化，引入随机变量的概念. 只有这样，才能应用大家所熟知的函数方法统一地讨论随机试验，从而全面、系统地研究和揭示随机现象的统计规律性.

2.1 随机变量及其分布函数

2.1.1 随机变量的概念

在随机试验 E 中，为了将 E 的结果数量化，总可以把样本空间 Ω 中所有样本点 ω 都用一个实值变量（或向量）来表示，记作

$$X = X(\omega), \omega \in \Omega$$

例如，考虑第 1 章 1.1 节的试验 E_3 与 E_4，即

E_3：在东、西、南、北四面同样受敌时，同时选择两个方向突围；

E_4：抛一颗骰子，观察出现的点数.

它们的样本空间分别为

$\Omega_3 = \{$东西，东南，东北，西南，西北，南北$\}$；

$\Omega_4 = \{1, 2, 3, 4, 5, 6\}$.

显然，这两个试验的样本点及样本空间都是不同的. 但如果我们在 E_3 中引进变量 X，对 Ω_3 中的样本点作如下定义：

$$X = 1（东西），X = 2（东南），X = 3（东北）$$
$$X = 4（西南），X = 5（西北），X = 6（南北）$$

在 E_4 中引进变量 X，并令

$$X = 试验中出现的点数$$

则这两个试验所对应的变量 X 的可能取值及其取同一值的概率都是相同的. 在这个意义上说，它们其实就是同一个变量. 因此，如果我们把 X 的变化规律讨论清楚了，则

试验 E_3 与 E_4 的变化规律也就全都掌握了.

由于随机试验结果的发生是随机的,因此,数量化后,用来表示试验结果的实值变量(或实值向量)也是随机变化的量.我们把这样的量称为随机变量(或随机向量).随机变量的取值规律通常称为随机变量(或随机向量)的概率分布,或简称分布.

随机变量(即一维随机变量)通常用 X,Y,Z 或 ξ,η,ζ 等来表示,随机向量(也叫多维随机变量)通常用 (X,Y),(X,Y,Z) 或 $(X_1,X_2,\cdots,X_n)$ 等来表示.本章我们只研究一维随机变量及其分布,下章再讨论随机向量的概率分布.

为了理论推导方便以及更方便地研究随机现象,需要给出随机变量严格的数学定义.那么,如何从数学上严格定义随机变量呢?

正如对随机事件一样,我们所关心的不仅是试验会出现什么结果,更重要的是要知道这些结果将以怎样的概率出现,也即对随机变量,我们不但要知道它取什么数值,而且要知道它取这些数值的概率.

从随机现象可能出现的结果来看,随机变量至少有两种不同的类型.一种是试验结果 X 所可能取的值为有限个或至多可列个,我们能把其可能结果一一列举出来,这种类型的随机变量称为离散型随机变量.在日常生活中经常碰到离散型随机变量,例如废品数、电话呼叫次数等.前面讨论过的随机现象大部分都能用离散型随机变量来描述.例如古典概型中只有有限个可能结果,若对应于每一个结果用一个数值来表征,则得到一个离散型随机变量.又如在随机试验 E_5 中,若以 X 记释放的粒子数,则 X 可取值 0,1,2,$\cdots$.这些都是离散型随机变量.

一般地,对于定义在样本空间 Ω 上的离散型随机变量 X,只要能指出它取的值 x_1,x_2,$\cdots$ 以及它取这些值的概率 $P(\{\omega \mid X(\omega)=x_i\})$,$i=1,2,\cdots$,就满足了我们的要求.显然要做到这一点,必须要求 $\{\omega \mid X(\omega)=x_i\}$ 有概率.因为我们只对事件域 $\mathcal{F}$ 中的集合定义概率,所以必须有 $\{\omega \mid X(\omega)=x_i\} \in \mathcal{F}$.

与离散型随机变量不同,一些随机现象所出现的试验结果 X 不止取可列个值,例如测量误差、分子运动速度、候车时的等待时间、降水量、风速、洪峰值等皆是.这时用来描述试验结果的随机变量还是样本点 ω 的函数 X,但是随机变量能取某个区间 $[a,b]$ 或 $(-\infty,+\infty)$ 中一切值.假如想用描述离散型随机变量的方法(简单地罗列所取的值及相应的概率)来描述这一类随机变量,则会碰到很大的困难.一是这类随机变量所取的值不能一一列出;二来,我们下面将会看到,取连续值的随机变量,它取某个特定值的概率是零,因此用这种描述方法根本行不通.

对于取连续值的随机变量我们所关心的也并不是它取某个特定值的概率.例如,在测量误差的讨论中,我们感兴趣的是测量误差小于某个数的概率;在降雨问题中,我们重视的是雨量在某一个量级,例如 $100 \sim 120\text{mm}$ 之间的概率.总之,对于取连续值的随机变量 X,我们感兴趣的是 X 取值于某个区间 $(a,b]$ 的概率,或取值于若干个这种区间的概率.因此应当要求 $\{\omega \mid a<X(\omega) \leqslant b\}$ 或 $\{\omega \mid X(\omega) \leqslant b\}$ 或更一般的 $\{\omega \mid X(\omega) \in A\}$(其中 A 是由区间经并、交等运算而得到的直线上的某一个点集)有概率可言,既然只对概率空间 $(\Omega,\mathcal{F},P)$ 的事件域 $\mathcal{F}$ 中的集合才定义概率,因此我们自然要求上述集合属于 $\mathcal{F}$,即都是事件.

通过上面的讨论可以看出,为了使我们感兴趣的概率计算得以进行,我们应对 X 加上一定的限制，主要是要求$\{\omega \mid X(\omega) \in B\}$应是事件．在离散型随机变量的场合，$B$是直线上的某一个点集；在取连续值场合，$B$是直线上由区间经并、交等运算而得到的某一点集．在概率计算中有时要考虑可列运算，因此较方便的是取B为直线上的博雷尔点集．

为此引入如下定义：

定义 2.1.1 设X是定义在概率空间$(\Omega, \mathcal{F}, P)$上的单值实函数，如果对于直线上任一博雷尔点集B，有

$$\{X \in B\} \triangleq \{\omega \mid X(\omega) \in B\} \in \mathcal{F} \tag{2.1}$$

则称X为随机变量．

特别地，若取$B = (-\infty, x]$，则有

$$\{X \leq x\} \triangleq \{\omega \mid X(\omega) \leq x\} \in \mathcal{F} \tag{2.2}$$

反之，若式（2.2）成立，也可以证明式（2.1）也成立，即式（2.1）和式（2.2）是等价的．这样，我们可以给出随机变量的另一个定义．

定义 2.1.2 设X是定义在概率空间$(\Omega, \mathcal{F}, P)$上的单值实函数，如果对于任意实数$x \in \mathbb{R}$，有

$$\{X \leq x\} \in \mathcal{F} \tag{2.3}$$

则称X为随机变量．

由上述讨论可知，随机变量的上述两个定义是等价的，但由于随机变量的第二个定义更直观、更容易理解，因此在许多概率论教科书中普遍都采用第二个定义．

2.1.2 随机变量的概率分布与分布函数

定义 2.1.3 设X是定义在概率空间$(\Omega, \mathcal{F}, P)$上的随机变量，称函数

$$F(B) = P(X \in B), B \in \mathcal{B}_1 \tag{2.4}$$

和

$$F(x) = P(X \leq x), x \in \mathbb{R} \tag{2.5}$$

分别为随机变量X的概率分布和分布函数，此时我们也称随机变量X服从概率分布$F(B)$或分布函数$F(x)$，简记为$X \sim F(B)$或$X \sim F(x)$．

由定义 2.1.3 知，一旦概率空间给定，则定义在其上随机变量的概率分布和分布函数都是唯一确定的．此外，随机变量的概率分布和分布函数相互唯一确定．分布函数的定义域为实数集合$\mathbb{R}$，而概率分布的定义域为博雷尔点集全体$\mathcal{B}_1$．由此可见，概率分布的定义域更大，从而更精细．因此，概率分布是比分布函数更精细的概念．然而，在运算中，人们往往更多地使用分布函数，原因在于一般情况下点函数比集合函数更容易掌握．

为了便于理解分布与分布函数概念的实质，我们给出一个直观的解释：在直线$\mathbb{R}$上，用任意一种散布方式布上质量为1的物质，以$F(B)$表示在博雷尔点集B中的物质的质量，那么$F(B)$，$B \in \mathcal{B}_1$是一个分布；以$F(x)$表示$(-\infty, x]$中的物质的质量，则$F(x)$，$x \in \mathbb{R}$是一个分布函数．反之，设已给$\mathcal{B}_1$上一分布$F(B)$或$\mathbb{R}$上一分布函数$F(x)$，则唯一地对应着一种散布方式，按照这种方式将质量为1的物质散布在$\mathbb{R}$上，使任一博雷尔点集B或$(-\infty, x]$中所含物质的质量恰好为$F(B)$或

$F(x)$. 由此可见，分布或分布函数与散布方式是一一对应的，这也是分布或分布函数的由来.

2.1.3　分布函数的性质

定理 2.1.1　任一随机变量 X 的分布函数 $F(x)$ 具有下列性质：

（1）（单调性）$F(x)$ 是 x 的单调不减函数，即当 $x_1 < x_2$ 时，有
$$F(x_1) \leqslant F(x_2)$$

（2）（有界性）对任意的实数 x，都有
$$0 \leqslant F(x) \leqslant 1, \quad F(-\infty) = 0, \quad F(+\infty) = 1$$

（3）（右连续性）$F(x)$ 是右连续的，即对任意的实数 x，都有
$$F(x^+) = F(x)$$

证　（1）由分布函数的定义知
$$F(x_2) - F(x_1) = P(X \leqslant x_2) - P(X \leqslant x_1) = P(\{X \leqslant x_2\} - \{X \leqslant x_1\}) \geqslant 0$$

（2）由于 $F(x)$ 为事件 $\{X \leqslant x\}$ 的概率，故 $0 \leqslant F(x) \leqslant 1$. 再由 $F(x)$ 的单调性知，当 $x \to -\infty$ 或 $x \to +\infty$ 时，$F(x)$ 的极限存在，且
$$F(-\infty) \triangleq \lim_{x \to -\infty} F(x) = \lim_{m \to -\infty} F(m), \ F(+\infty) \triangleq \lim_{x \to +\infty} F(x) = \lim_{n \to +\infty} F(n)$$

又由概率的可列可加性得
$$1 = P(-\infty < X < +\infty) = P\left(\sum_{i=-\infty}^{+\infty} \{i-1 < X \leqslant i\}\right)$$
$$= \sum_{i=-\infty}^{+\infty} P(i-1 < X \leqslant i) = \lim_{\substack{n \to +\infty \\ m \to -\infty}} \sum_{i=m}^{n} P(i-1 < X \leqslant i)$$
$$= \lim_{\substack{n \to +\infty \\ m \to -\infty}} \sum_{i=m}^{n} [F(i) - F(i-1)]$$
$$= \lim_{n \to +\infty} F(n) - \lim_{m \to -\infty} F(m)$$

由此可得
$$\lim_{m \to -\infty} F(m) = 0, \ \lim_{n \to +\infty} F(n) = 1$$

事实上，令 $a = \lim_{m \to -\infty} F(m)$，$b = \lim_{n \to +\infty} F(n)$，则 $0 \leqslant a, b \leqslant 1$，且 $b = a+1$，若 $a > 0$，则 $b > 1$，这与 $b \leqslant 1$ 矛盾.

（3）由于 $F(x)$ 为单调非降函数，故对任意实数 x，$F(x^+)$ 存在，且只需证明对任意趋于 x 的单调减数列 x_n，有 $\lim_{n \to \infty} F(x_n) = F(x)$ 即可. 事实上，由概率的连续性可得
$$\lim_{n \to \infty} F(x_n) = \lim_{n \to \infty} P(X \leqslant x_n) = P\left(\lim_{n \to \infty} \{X \leqslant x_n\}\right)$$
$$= P\left(\bigcap_{n=1}^{\infty} \{X \leqslant x_n\}\right)$$
$$= P(X \leqslant x) = F(x)$$

有了分布函数，关于随机变量 X 的许多概率都能方便地计算，例如对任意实数 a，$b\ (a < b)$，有

$$P\ (a < X \leqslant b)\ = P\ (X \leqslant b)\ - P\ (X \leqslant a)\ = F\ (b)\ - F\ (a) \qquad (2.6)$$

$$
\begin{aligned}
P\ (X = b)\ &= P\Big(\bigcap_{n=1}^{\infty} \Big\{ b - \frac{1}{n} < X \leqslant b \Big\} \Big) \\
&= \lim_{n \to \infty} P\Big(b - \frac{1}{n} < X \leqslant b \Big) \\
&= \lim_{n \to \infty} \Big[F\ (b)\ - F\Big(b - \frac{1}{n} \Big) \Big] \\
&= F\ (b)\ - F\ (b^-) \qquad (2.7)
\end{aligned}
$$

$$P\ (X < b)\ = P\ (X \leqslant b)\ - P\ (X = b)\ = F\ (b^-) \qquad (2.8)$$

$$P\ (X > b)\ = 1 - P\ (X \leqslant b)\ = 1 - F\ (b)$$

$$P\ (X \geqslant b)\ = 1 - P\ (X < b)\ = 1 - F\ (b^-)$$

$$P\ (a < X < b)\ = P\ (a < X \leqslant b)\ - P\ (X = b)\ = F\ (b^-)\ - F\ (a)$$

$$P\ (a \leqslant X \leqslant b)\ = P\ (X \leqslant b)\ - P\ (X < a)\ = F\ (b)\ - F\ (a^-)$$

$$P\ (a \leqslant X < b)\ = P\ (X < b)\ - P\ (X < a)\ = F\ (b^-)\ - F\ (a^-)$$

进一步可证,对任意的一维博雷尔点集 B,事件 $\{X \in B\}$ 的概率可由 X 的分布函数 $F\ (x)$ 确定,也就是说分布函数 $F\ (x)$ 全面描述了随机变量 X 的取值规律.

可以证明,满足上述定理中三个性质的函数 $F\ (x)$ 也必定是某随机变量 X 的分布函数.

例 2.1.1　设 X 的所有可能取值为

$$x_1,\ x_2,\ \cdots,\ x_n\ (x_1 < x_2 < \cdots < x_n)$$

并设 X 取所有可能值的概率均为 $\dfrac{1}{n}$,求 X 的分布函数.

解　由分布函数的定义易知(其图形见图 2.1)

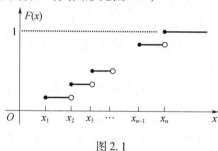

图 2.1

$$
F\ (x)\ = P\ (X \leqslant x)\ = \begin{cases} 0, & x < x_1 \\ \dfrac{k}{n}, & x_k \leqslant x < x_{k+1}\ (k = 1,\ 2,\ \cdots,\ n-1) \\ 1, & x \geqslant x_n \end{cases}
$$

例 2.1.2　向半径为 R 的圆盘形靶射击,设弹着点落在以靶心 O 为圆心,以 $r\ (r \leqslant R)$ 为半径的圆盘内的概率与圆盘的面积成正比,并设每枪都能中靶.现以 X 表示弹着点与圆心 O 的距离(图 2.2),求随机变量 X 的分布函数.

解　(1)若 $x < 0$,则 $\{X \leqslant x\}$ 是不可能事件,这时 $F\ (x)\ = P\ (X \leqslant x)\ = 0$;

(2)若 $0 \leqslant x \leqslant R$,则由题意,$P\ (X \leqslant x)\ = k\pi x^2$($k$ 为比例系数),而 $\{X \leqslant R\}$ 是必

然事件，所以 $P(X \leqslant R) = k\pi R^2 = 1$，故 $k = \dfrac{1}{\pi R^2}$．这时 $F(x) = P(X \leqslant x) = \dfrac{x^2}{R^2}$；

（3）若 $x \geqslant R$，则 $\{X \leqslant x\}$ 是必然事件，这时 $F(x) = P(X \leqslant x) = 1$．

综上所述，即得 X 的分布函数（图 2.3）为

$$F(x) = \begin{cases} 0, & x < 0 \\ \dfrac{x^2}{R^2}, & 0 \leqslant x < R \\ 1, & x \geqslant R \end{cases}$$

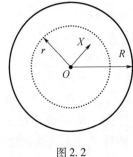

图 2.2　　　　　　　　　图 2.3

2.2　离散型随机变量及其概率分布

离散型随机变量是指只能取有限个或可列个数值的随机变量．如一批产品中的次品数；电话用户在某一段时间内对电话站的呼唤次数等．要掌握离散型随机变量 X 的取值规律或概率分布，就必须且只需知道 X 的所有可能取值以及取每一个可能值的概率．

设离散型随机变量 X 的所有可能取值为 x_1，x_2，$\cdots$，而 X 取各个可能值的概率为

$$P(X = x_k) = p_k, \; k = 1, \; 2, \; \cdots \tag{2.9}$$

称数列 $\{p_k, k = 1, 2, \cdots\}$ 为离散型随机变量 X 的概率分布．

易知

$$p_k \geqslant 0 \; (k = 1, 2, \cdots), \qquad \sum_k p_k = 1 \tag{2.10}$$

因此，概率分布［式（2.9）］给出了全部概率 1 是如何在其可能取值之间分配的，或者说，它指出了概率 1 在其可能取值上的分布情况．反过来，满足条件式（2.10）的数列 p_k（$k = 1$，2，$\cdots$）也必定是某个离散型随机变量 X 的概率分布．通常称式（2.9）为离散型随机变量 X 的分布律（列）．由分布律能一目了然地看出离散型随机变量 X 的取值范围及取这些值的概率．分布律可用表格形式见表 2.1．

表 2.1

X	x_1	x_2	$\cdots$	x_k	$\cdots$
p_k	p_1	p_2	$\cdots$	p_k	$\cdots$

或用分布矩阵表示为

$$X \sim \begin{pmatrix} x_1 & x_2 & \cdots & x_k & \cdots \\ p_1 & p_2 & \cdots & p_k & \cdots \end{pmatrix}$$

有了离散型随机变量 X 的分布律 [式 (2.9)]，就能容易地写出随机事件 $\{X \in B\}$ ($B \in \boldsymbol{B}_1$) 的概率

$$P(X \in B) = \sum_{x_k \in B} P(X = x_k) = \sum_{x_k \in B} p_k$$

据此，我们能容易地写出离散型随机变量 X 的分布函数

$$F(x) = P(X \leqslant x) = \sum_{x_k \leqslant x} P(X = x_k) = \sum_{x_k \leqslant x} p_k$$

由此可知，离散型随机变量 X 的分布函数 $F(x)$ 是一个跳跃（阶梯）函数，它在每个 x_k 处有跳跃度 p_k。反过来，知道了离散型随机变量 X 的分布函数 $F(x)$，我们也能容易地写出它的分布律

$$P(X = x_k) = F(x_k) - F(x_k^-), \quad k = 1, 2, \cdots$$

虽然分布律与分布函数含有相同的信息量，但用分布律描述离散型随机变量的取值规律要更方便一些。

有时为了直观地反映离散型随机变量 X 的概率分布，我们可用横轴上的点表示随机变量 X 的可能取值 x_1, x_2, $\cdots$，而用对应的纵坐标表示 X 取这些值的概率 p_1, p_2, $\cdots$，这样，就得到了随机变量 X 的概率分布图。

例如，当 $x_1 < x_2 < \cdots < x_k < \cdots$ 时，X 的概率分布图如图 2.4 所示。与其相应的分布函数的图形见图 2.5。

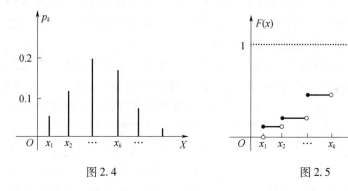

图 2.4   图 2.5

例 2.2.1 袋中有 2 个白球和 3 个黑球，每次从中任取 1 个球，直至取得白球为止。若每次取出的黑球不再放回去，求取球次数 X 的分布律与分布函数。

解 因为每次取出的黑球不再放回去，所以 X 的所有可能取值是 1，2，3，4，故由古典概型的概率计算公式以及乘法公式知所求概率分布为

$$P(X = 1) = \frac{2}{5} = 0.4$$

$$P(X = 2) = \frac{3}{5} \times \frac{2}{4} = 0.3$$

$$P(X = 3) = \frac{3}{5} \times \frac{2}{4} \times \frac{2}{3} = 0.2$$

$$P(X = 4) = \frac{3}{5} \times \frac{2}{4} \times \frac{1}{3} \times \frac{2}{2} = 0.1$$

因此，所求分布律（或分布矩阵）为

$$X \sim \begin{pmatrix} 1 & 2 & 3 & 4 \\ 0.4 & 0.3 & 0.2 & 0.1 \end{pmatrix}$$

据此，可求得 X 的分布函数为

$$F(x) = \sum_{x_k \leqslant x} p_k = \begin{cases} 0, & x < 1 \\ 0.4, & 1 \leqslant x < 2 \\ 0.7, & 2 \leqslant x < 3 \\ 0.9, & 3 \leqslant x < 4 \\ 1, & x \geqslant 4 \end{cases}$$

例 2.2.2 设一批产品共有 N 个，其中有 M 个是次品．从这批产品中任意抽取 n 个，求取出的 n 个产品中次品数 X 的分布律．

解 视次品为白球，正品为黑球，则由例 1.3.2 的结果可知所求分布律为

$$P(X = k) = \frac{C_M^k C_{N-M}^{n-k}}{C_N^n}, \max(0, n - N + M) \leqslant k \leqslant \min(n, M)$$

这种分布称为超几何分布．

由前面的分析可知，分布律完整地描述了离散型随机变量的取值规律，这是因为一旦知道了离散型随机变量的分布律，我们就知道了它可以取哪些值以及它取这些值的概率，即知道了它的取值规律；另一方面，由离散型随机变量的分布律可以很容易得到其概率分布和分布函数．因此，我们就可以按照分布律对离散型随机变量进行分类，每一类离散型随机变量的概率分布称为一个离散型分布．离散型分布有好多种，鉴于篇幅有限，我们只介绍几个比较常用的离散型分布．

在许多问题中，我们对试验感兴趣的是试验中某事件 A 是否发生．例如，在产品抽样检查中关注的是抽到次品还是抽到合格品；在掷硬币时关注的是出正面还是出反面；在股票市场中关心的是涨还是跌．在这类问题中我们可以把事件域取为 $\mathcal{F} = \{\varnothing, A, \bar{A}, \Omega\}$，并称出现 A 为"成功"，出现 $\bar{A}$ 为"失败"．这种只有两个可能结果的试验称为伯努利试验．有些试验的结果不止两个，譬如，在电报传输中，既要传送字母 A, B, $\cdots$, Z 等，又要传送其他符号．但是假如我们所关心的只是字母在传送中所占的百分比，而不再区别到底是哪一个字母，则我们可以把出现字母当作成功，出现其他符号一律当作失败，这时就可以把问题看作伯努利试验．同样地，显像管的寿命可以是不小于 0 的任一数值，但是有时根据需要，我们可以把寿命大于 50000 小时的显像管当作合格品，其余都作为次品．那么，这类问题还是可以归结为伯努利试验．这种例子可以举出不少．

在伯努利试验中，首先是要给出下面概率

$$P(A) = p, \qquad P(\bar{A}) = q$$

显然 $p \geqslant 0$，$q \geqslant 0$，且 $p + q = 1$．

现在考虑重复进行 n 次独立的伯努利试验，这里"重复"是指在每次试验中事件 A 从而事件 $\bar{A}$ 出现的概率都保持不变，"独立"是指各次试验的结果相互独立．这种试验称为 n 重伯努利试验，记作 E^n．若将伯努利试验独立重复地进行无穷多次，则称这无穷多个独立重复的试验为一个伯努利试验序列，记为 E^∞．

伯努利试验是一种非常重要的概率模型，它是"在同样条件下进行重复试验"的

一种数学模型,特别是在讨论某事件出现的频率时常用这种模型.历史上,伯努利概型是概率论中最早研究的模型之一,也是得到最多研究的模型之一,在理论上具有重要意义,好多重要的离散型分布都和伯努利试验密切相关.另一方面,它有着广泛的实际应用,例如在工业产品质量检查中、在现代遗传学中,它都占有重要地位.

下面我们计算伯努利概型中所出现的一些事件的概率,这些概率非常重要.

1)0~1分布

设随机变量 X 只取 a 与 b 两个值(不失一般性,我们总可以取 $a=0$, $b=1$),且取这两个值的概率分别为 $1-p$ 和 p,则 X 的分布律为

$$P(X=0)=1-p, \qquad P(X=1)=p$$

或

$$P(X=k)=p^k(1-p)^{1-k}, k=0, 1$$

其分布矩阵为

$$X \sim \begin{pmatrix} 0 & 1 \\ 1-p & p \end{pmatrix}$$

我们把这个 X 的分布称为0~1分布或两点分布.

若设 X 为伯努利试验中事件 A 出现的次数,则不难验证 X 的分布就是0~1分布,因而0~1分布又被称为伯努利分布.由此可见,0~1分布有着广泛的应用,只要一个试验可以看成伯努利试验,则其中感兴趣的事件出现的次数的取值规律就可以用0~1分布描述.

2)二项分布

设 X 表示 n 重伯努利试验 E^n 中事件 A 发生的次数,p 为一次试验中事件 A 发生的概率,即

$$P(A)=p, P(\overline{A})=q=1-p \ (0<p<1)$$

则 X 是一个离散型随机变量,我们来求它的分布律.

显然,X 的所有可能取值为0,1,2,…,n.由于各次试验是相互独立的,因此事件 A 在指定的 k($1 \leqslant k \leqslant n$)次试验中发生,在其他 $n-k$ 次试验中不发生(例如前 k 次试验中发生,而后 $n-k$ 次试验中不发生)的概率为

$$\overbrace{p \cdot p \cdot \cdots \cdot p}^{k} \cdot \overbrace{q \cdot q \cdot \cdots \cdot q}^{n-k}$$

由于这种指定的方式共有 C_n^k 种,而且它们是两两互不相容的,故在 n 次试验中,事件 A 恰好发生 k 次的概率为 $C_n^k p^k q^{n-k}$,即

$$P(X=k)=C_n^k p^k q^{n-k}, \qquad k=0, 1, 2, \cdots, n \qquad (2.11)$$

不难验证,式(2.11)满足条件式(2.10),因而是一个概率分布.用矩阵表示即为

$$X \sim \begin{pmatrix} 0 & 1 & \cdots & k & \cdots & n \\ q^n & C_n^1 pq^{n-1} & \cdots & C_n^k p^k q^{n-k} & \cdots & p^n \end{pmatrix}$$

注意到 $C_n^k p^k q^{n-k}$ 刚好是二项式 $(p+q)^n$ 展开中出现 p^k 的一项,故我们称随机变量 X 的概率分布参数为 n, p 的二项分布,记作 $B(n, p)$,此时,又称随机变量 X 服从二项分布 $B(n, p)$,记作 $X \sim B(n, p)$.

当 $n=20$, $p=0.2$ 时,$B(20, 0.2)$ 的概率分布情况见表2.2:

表 2.2

X	0	1	2	3	4	5
p_k	0.012	0.058	0.137	0.205	0.218	0.175
X	6	7	8	9	10	11~20
p_k	0.109	0.055	0.022	0.007	0.002	<0.001

与此分布相应的概率分布如图 2.6 所示.

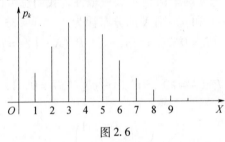

图 2.6

特别地,当 $n=1$ 时,二项分布变为 $0\sim1$ 分布 $B(1,p)$:
$$P(X=k) = p^k q^{1-k}, k=0, 1$$

例 2.2.3 某批产品中有 20% 的次品. 进行重复抽样检查,共取 5 个样品,求其中次品数等于 0,1,2,3,4,5 的概率.

解 将每次抽样检查看成一次试验,设抽出的次品数为 X,则 $X \sim B(5, 0.2)$. 故所求概率为
$$P(X=k) = C_5^k \times 0.2^k \times 0.8^{5-k}, \qquad k=0, 1, 2, 3, 4, 5$$
计算即得所求概率(即分布律),为
$$X \sim \begin{bmatrix} 0 & 1 & 2 & 3 & 4 & 5 \\ 0.3277 & 0.4096 & 0.2048 & 0.0512 & 0.0064 & 0.0003 \end{bmatrix}$$

例 2.2.4 一个工人负责维修 20 台同类型的机床,在一段时间内每台机床发生故障需要维修的概率为 0.05. 求:

(1) 在这段时间内有 $2\sim4$ 台机床需要维修的概率;

(2) 在这段时间内至少有 2 台机床需要维修的概率.

解 将对每台机床的维护看成一次试验,设在这段时间内出现故障的机床数为 X,由于在这段时间内各台机床是否发生故障显然是相互独立的,因此,$X \sim B(20, 0.05)$. 故所求概率为

(1) $P(2 \leqslant X \leqslant 4) = \sum_{k=2}^{4} P(X = k)$

$\qquad\qquad\qquad = \sum_{k=2}^{4} C_{20}^k \times 0.05^k \times 0.95^{20-k}$

$\qquad\qquad\qquad = 0.2616$

(2) $P(X \geqslant 2) = 1 - P(X=0) - P(X=1)$

$\qquad\qquad\quad = 1 - 0.95^{20} - C_{20}^1 \times 0.05 \times 0.95^{19}$

$\qquad\qquad\quad = 0.2642$

例 2.2.5 已知每枚地对空导弹击中来犯敌机的概率为 96%,问至少需要发射多少

枚导弹才能保证有99.9%的把握击中敌机?

解 将导弹的每次发射看成一次试验,设共发射 n 次,击中的次数为 X,则 $X \sim B(n, 0.96)$. 故在所有 n 次发射中,击中敌机(即至少击中一次)的概率为

$$P(X > 0) = 1 - P(X = 0) = 1 - 0.04^n$$

因此,要保证有99.9%的把握击中敌机,发射地对空导弹的次数 n 就应满足 $P(X > 0) \geq 0.999$,即

$$0.04^n \geq 0.999$$

或

$$n \geq \frac{\ln(0.001)}{\ln(0.04)} = 2.15$$

亦即 $n \geq 3$,说明至少需要发射3枚导弹才能满足要求.

3)泊松分布

从上述几例及二项分布的分布公式(2.11)不难看出:当 n 比较大时,要计算二项分布的概率是非常麻烦的. 不过当 n 很大, p 很小时,我们用著名的二项分布的泊松(Possion)逼近.

泊松定理 设 $X_n \sim B(n, p_n)$,如果 $n \to \infty$ 时, $np_n \to \lambda$(λ 为正的常数),则有

$$\lim_{n \to \infty} P(X_n = k) = \frac{\lambda^k}{k!} e^{-\lambda}, \quad k = 0, 1, 2, \cdots$$

亦即,当 n 充分大时有下面的近似公式:

$$P(X_n = k) \approx \frac{\lambda^k}{k!} e^{-\lambda}, \quad k = 0, 1, 2, \cdots \tag{2.12}$$

证 设 $np_n = \lambda_n$,则 $\lim_{n \to \infty} \lambda_n = \lambda$,于是对任一固定的 k,有

$$P(X_n = k) = C_n^k p_n^k (1 - p_n)^{n-k}$$

$$= \frac{n(n-1) \cdots (n-k+1)}{k!} \left(\frac{\lambda_n}{n}\right)^k \left(1 - \frac{\lambda_n}{n}\right)^{n-k}$$

$$= \frac{\lambda_n^k}{k!} \left(1 - \frac{1}{n}\right) \left(1 - \frac{2}{n}\right) \cdots \left(1 - \frac{k-1}{n}\right) \left(1 - \frac{\lambda_n}{n}\right)^{n-k}$$

$$= \frac{\lambda_n^k}{k!} \left(1 - \frac{1}{n}\right) \left(1 - \frac{2}{n}\right) \cdots \left(1 - \frac{k-1}{n}\right) \left[\left(1 - \frac{\lambda_n}{n}\right)^{\left(-\cdot\frac{n}{\lambda_n}\right)}\right]^{\left(-\lambda_n \cdot \frac{n-k}{n}\right)}$$

$$\to \frac{\lambda^k}{k!} e^{-\lambda} \quad (n \to \infty)$$

公式(2.12)在近似计算二项分布的概率时非常有用,我们把它称为二项分布的泊松逼近公式. 表2.3给出了二项分布 $B(n, p)$ 泊松逼近程度的一张对照表.

表 2.3

k	按二项分布直接计算概率 $P(X = k)$				按泊松逼近计算
	$n = 10$ $p = 0.1$	$n = 20$ $p = 0.05$	$n = 40$ $p = 0.025$	$n = 100$ $p = 0.01$	$\lambda = np = 1$
0	0.349	0.358	0.363	0.366	0.368

续表

k	按二项分布直接计算概率 $P(X=k)$				按泊松逼近计算
	$n=10$ $p=0.1$	$n=20$ $p=0.05$	$n=40$ $p=0.025$	$n=100$ $p=0.01$	$\lambda=np=1$
1	0.385	0.377	0.373	0.370	0.368
2	0.194	0.189	0.186	0.185	0.184
3	0.057	0.060	0.060	0.061	0.061
4	0.011	0.013	0.014	0.015	0.015
$k>4$	0.004	0.003	0.004	0.003	0.004

从表 2.1 可以看出，当 n 较大，p 较小时，逼近效果是很好的.

如果令 $n\to\infty$，并取

$$P(X=k)=p_\lambda(k)=\frac{\lambda^k}{k!}\mathrm{e}^{-\lambda},\quad k=0,1,2,\cdots \qquad (2.13)$$

则容易看出

$$\sum_{k=0}^{\infty}P(X=k)=\sum_{k=0}^{\infty}\frac{\lambda^k}{k!}\mathrm{e}^{-\lambda}=\mathrm{e}^{\lambda}\mathrm{e}^{-\lambda}=1$$

这说明以式（2.13）为分布律的 X 已构成一个取全体非负整数的随机变量. 我们把由式（2.13）定义的 X 的概率分布叫作泊松分布，并记作 $X\sim P(\lambda)$.

服从泊松分布的随机变量在实际应用中是很多的. 例如，在一个时间间隔内某电话交换台收到的电话呼唤次数、一本书一页中的印刷错误数、某地区在一天内邮递遗失的信件数、某一医院在一天内的急诊病人数、某一地区在一定时间间隔内发生交通事故的次数等都服从泊松分布. 可见，泊松分布是概率论中一种重要的分布.

泊松逼近定理表明：当 $n\to\infty$ 时，以 n,p 为参数的二项分布 $B(n,p)$ 趋于以 $\lambda=np$ 为参数的泊松分布 $P(\lambda)$. 这一事实显示了泊松分布在理论上的重要性. 在实际计算中，当 $n\geq20$，$p\leq0.05$ 时，用泊松分布 $P(np)$ 作为二项分布 $B(n,p)$ 的逼近效果颇佳，而当 $n\geq100$，$np\leq10$ 时，效果更好. 为了便于计算，本书附表 2 给出了 λ 及 k 取不同数值时泊松分布 $p_\lambda(k)$ 的取值，可供查用.

例 2.2.6 在例 2.2.4 中，若用式（2.13）的泊松分布 $P(20\times0.05)$ 近似代替二项分布 $B(20,0.05)$，则所求概率为

（1）$P(2\leq X\leq4)=\sum_{k=2}^{4}P(X=k)=\sum_{k=2}^{4}\frac{1^k}{k!}\mathrm{e}^{-1}=0.2606$

（2）$P(X\geq2)=1-P(X=0)-P(X=1)=1-\mathrm{e}^{-1}-\mathrm{e}^{-1}=0.2642$

比较例 2.2.6 与例 2.2.4 不难看出，例 2.2.6 的计算过程比例 2.2.4 简单得多，但计算结果却相当接近.

4）几何分布

设 X 表示伯努利试验序列 E^∞ 中事件 A 首次出现时所用的试验次数，则 X 是一个离散型随机变量，我们来求它的分布律.

显然，X 的所有可能取值为全体非负整数 1，2，…. 由于各次试验是相互独立的，因此事件 A 在第 k 次试验中恰好发生，而前 $k-1$ 次试验中都不发生的概率为

$$P (X = k) = \overbrace{q \cdot q \cdots q}^{k-1} \cdot p = pq^{k-1}, \ k = 1, \ 2, \ \cdots \qquad (2.14)$$

不难验证，式 (2.14) 满足条件式 (2.10)，因而是一个概率分布. 用矩阵形式表示即为

$$X \sim \begin{pmatrix} 1 & 2 & \cdots & k & \cdots \\ p & pq & \cdots & pq^{k-1} & \cdots \end{pmatrix}$$

注意到 X 取得它的可能值的概率恰为几何数列（或等比数列），故称这种分布为几何分布，记作 $X \sim G (p)$.

几何分布是一种常见的分布. 几何分布在概率论中的重要地位，还在于它具有下面特殊的性质.

几何分布的"无记忆性"：设 $X \sim G (p)$，则对任何正整数 m 和 n，有

$$P (X > m + n \mid X > m) = P (X > n) \qquad (2.15)$$

证　因为

$$P(X > n) = \sum_{k=n+1}^{\infty} P(X = k) = p \sum_{k=n+1}^{\infty} (1-p)^{k-1}$$

$$= p \left(\sum_{k=1}^{\infty} (1-p)^{k-1} - \sum_{k=1}^{n} (1-p)^{k-1} \right)$$

$$= p \left(\frac{1}{p} - \frac{1 - (1-p)^n}{p} \right) = (1-p)^n$$

所以

$$P (X > m + n \mid X > m) = \frac{P (X > m + n, \ X > m)}{P (X > m)}$$

$$= \frac{P (X > m + n)}{P (X > m)} = \frac{(1-p)^{m+n}}{(1-p)^m}$$

$$= (1-p)^n = P (X > n)$$

如前所述，在伯努利试验序列中，等待首次成功（即事件 A 发生）所用的试验次数 X 服从几何分布，则式 (2.15) 表明，已经等待（或失败）了 m 次，还要再等待（或失败）n 次的概率与已经等待（或失败）了 m 次无关，形象地说，就是把过去的经历完全忘记了. 因此无记忆性是几何分布所具有的一个有趣的性质.

更加有趣的是，在离散型分布中，只有几何分布才具有这样一种特殊的性质. 下面我们来严格叙述并证明这个事实.

例 2.2.7　设 X 是只取正整数的离散型随机变量，若 X 的分布具有无记忆性，即对任何正整数 m 和 n，有

$$P (X > m + n \mid X > m) = P (X > n) \qquad (2.16)$$

则 X 的分布一定是几何分布.

证　由无记忆性可知

$$P (X > m + n \mid X > m) = \frac{P (X > m + n)}{P (X > m)} = P (X > n)$$

即

$$P (X > m + n) = P (X > m) P (X > n)$$

将 n 换成 $n-1$ 仍然有

$$P\ (X>m+n-1)\ =P\ (X>m)\ P\ (X>n-1)$$

两式相减得

$$[P\ (X>m+n-1)\ -P\ (X>m+n)]=[P\ (X>n-1)\ -P\ (X>n)]P\ (X>m)$$

从而

$$P\ (X=m+n)\ =P\ (X=n)\ P\ (X>m)$$

取 $m=n=1$，并设 $P\ (X=1)\ =p$，则

$$P\ (X=2)\ =P\ (X=1)\ P\ (X>1)\ =P\ (X=1)\ [1-P\ (X=1)]=p\ (1-p)$$

取 $m=1$，$n=2$，则

$$P\ (X=3)\ =P\ (X=2)\ P\ (X>1)\ =p\ (1-p)^2$$

若令 $P\ (X=k)\ =p\ (1-p)^{k-1}$，则由数学归纳法可得

$$P\ (X=k+1)\ =P\ (X=k)\ P\ (X>1)\ =p\ (1-p)^k,\ k=1,\ 2,\ \cdots$$

由此可知 $X\sim G\ (p)$.

2.3 连续型随机变量及其概率分布

在实际问题中，我们经常会遇到这样一类随机变量，这类随机变量的分布函数 $F\ (x)$ 恰好是某个非负函数 $f\ (x)$ 在 $(-\infty,\ x]$ 上的积分，即

$$F(x)\ =\int_{-\infty}^{x}f(x)\,\mathrm{d}x \tag{2.17}$$

不难验证，这类随机变量的分布函数 $F\ (x)$ 在 $(-\infty,\ +\infty)$ 上是连续的. 我们称这类随机变量为连续型随机变量，称非负函数 $f\ (x)$ 为该随机变量的分布密度函数或概率密度函数，并称相应的概率分布为连续型分布.

可以证明：连续型随机变量的分布函数必定连续. 但不要把"连续型的分布函数"与"连续的分布函数"相混淆，前者表示 $F\ (x)$ 满足式（2.17），当然也是连续函数，而后者仅仅表示 $F\ (x)$ 是连续函数，但未必满足式（2.17）. 事实上，分布函数连续的随机变量未必是连续型的随机变量.

由于连续型随机变量的分布函数是连续的，所以由式（2.8）即可推得，对任意的实数 b，都有

$$P\ (X=b)\ =F\ (b)\ -F\ (b^-)\ =0 \tag{2.18}$$

亦即，连续型随机变量取任何实数的概率必为零.

在式（2.18）中，虽有 $P\ (X=b)\ =0$，但事件 $\{X=b\}$ 并非不可能事件. 例如，在例 2.1.2 中，$P\ (X=0)\ =0$，但 $\{X=0\}$ 并非不可能事件，是可以发生的. 这表明：不可能事件的概率为 0，但概率为 0 的事件并不一定是不可能事件. 同样地，必然事件的概率为 1，但概率为 1 的事件也未必是必然事件.

关于连续型随机变量，我们有以下定理.

定理 2.3.1 连续型随机变量 X 的分布密度函数 $f\ (x)$ 和分布函数 $F\ (x)$ 具有下列性质：

（1）分布密度函数 $f\ (x)$ 在 $(-\infty,\ +\infty)$ 上满足

$$f(x)\geqslant 0,\ \int_{-\infty}^{+\infty}f(x)\,\mathrm{d}x\ =1 \tag{2.19}$$

（2）在 $f(x)$ 的连续点处 $F(x)$ 可导，且

$$F'(x) = f(x) \tag{2.20}$$

（3）对任意的实数 a，$b\,(a<b)$，都有

$$P(a<X<b) = P(a\leqslant X<b) = P(a<X\leqslant b)$$
$$= P(a\leqslant X\leqslant b) = F(b) - F(a)$$
$$= \int_a^b f(x)\,\mathrm{d}x \tag{2.21}$$

证 （1）由连续型随机变量分布函数的定义式（2.17）与分布函数的性质即知

$$f(x) \geqslant 0, \qquad \int_{-\infty}^{+\infty} f(x)\,\mathrm{d}x = F(+\infty) = 1$$

（2）在 $f(x)$ 的连续点处利用积分中值定理得

$$F'(x) = \lim_{\Delta x\to 0} \frac{F(x+\Delta x) - F(x)}{\Delta x}$$
$$= \lim_{\Delta x\to 0} \frac{1}{\Delta x} \int_x^{x+\Delta x} f(x)\,\mathrm{d}x$$
$$= \lim_{\Delta x\to 0} \frac{f(x+\theta\Delta x)\,\Delta x}{\Delta x} = f(x) \qquad (0<\theta<1)$$

（3）由式（2.18）及式（2.6）即知，对任意的实数 a，$b\,(a<b)$，都有

$$P(a<X<b) = P(a\leqslant X<b) = P(a<X\leqslant b)$$
$$= P(a\leqslant X\leqslant b) = F(b) - F(a)$$
$$= \int_a^b f(x)\,\mathrm{d}x$$

性质（1）与性质（2）表明：介于曲线 $y=f(x)$ 与 x 轴之间的面积等于 1（图 2.7）；而与 $f(x)$ 相应的分布函数 $F(x)$ 的图形是一条单调不减的连续曲线（图 2.8）. 由性质（1）知，任何连续型随机变量的分布密度函数必满足式（2.19），反过来，也可以证明，满足式（2.19）的函数 $f(x)$ 也必定是某连续型随机变量 X 的分布密度函数. 性质（3）表明：只要知道了连续型随机变量 X 的分布密度函数，就能算出 X 落在任一区间上的概率. 进一步，还可以证明，对任意博雷尔点集 $B\in\mathcal{B}_1$，有

$$F(B) = P(X\in B) = \int_B f(x)\,\mathrm{d}x \tag{2.22}$$

概率密度函数不是概率，但在 $f(x)$ 的连续点 x 处，有

$$f(x) = \lim_{\Delta x\to 0^+} \frac{F(x+\Delta x) - F(x)}{\Delta x} = \lim_{\Delta x\to 0^+} \frac{P(x\leqslant X\leqslant x+\Delta x)}{\Delta x}$$

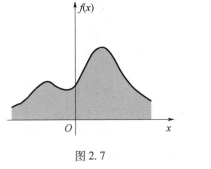

图 2.7

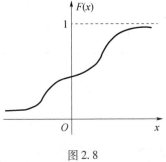

图 2.8

因此概率密度函数 $f(x)$ 的数值就是随机变量 X 在 x 处单位长度上的概率，这就是为何被称为概率密度函数的原因．虽然概率密度函数与分布函数含有相同信息量，但在图形上，概率密度函数对各种分布的特征的显示要优越得多，因此它比分布函数更常用．

例 2.3.1 在例 2.1.2 中，对 X 的分布函数 $F(x)$ 求导，即得

$$f(x) = F'(x) = \begin{cases} \dfrac{2x}{R^2}, & x \in (0, R) \\ 0, & x \in (-\infty, 0] \cup (R, +\infty) \end{cases}$$

如果补充规定 $f(R) = 0$（当然也可以规定为其他任何非负实数），则 $f(x)$ 便为定义在 $(-\infty, +\infty)$ 上的非负可积函数，而且 $F(x)$ 可表示为 $f(x)$ 在区间 $(-\infty, x]$ 上的积分．因此，该例中 X 就是一个连续型随机变量，而其中的 $f(x)$ 为 X 的分布密度函数，相应的分布为连续型分布．由例 2.3.1 可知，连续型随机变量的分布密度函数并不唯一．但可以证明：同一个连续型随机变量的不同分布密度函数几乎处处相等[④]．在这个意义上说，连续型随机变量的"分布密度函数"是唯一的．

类似于离散型随机变量，也可以根据分布密度函数对连续型随机变量进行分类，每一类连续型随机变量对应着一个连续型分布，下面介绍三个常用的连续型分布．

1）均匀分布

若随机变量 X 具有分布密度函数

$$f(x) = \begin{cases} \dfrac{1}{b-a}, & x \in (a, b) \\ 0, & \text{其他} \end{cases} \tag{2.23}$$

其中 $-\infty < a < b < +\infty$，则称 X 的分布为区间 (a, b) 上的均匀分布，记作 $U(a, b)$．此时，我们也称 X 服从 (a, b) 上的均匀分布，记作 $X \sim U(a, b)$．上述定义中的开区间 (a, b) 也可以换成 $[a, b)$ 或 $(a, b]$ 或 $[a, b]$．

将 $f(x)$ 积分容易知道，均匀分布的分布函数为

$$F(x) = \begin{cases} 0, & x < a \\ \dfrac{x-a}{b-a}, & a \leqslant x < b \\ 1, & x \geqslant b \end{cases}$$

均匀分布的分布密度函数 $f(x)$ 与分布函数 $F(x)$ 的图形见图 2.9 和图 2.10.

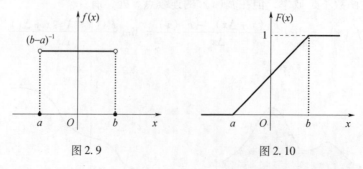

图 2.9   图 2.10

---

④ 是指除某测度为零的点集外相等．

若随机变量 X 服从 (a, b) 上的均匀分布，则 X 在 (a, b) 中取值落在某一区域内的概率只与这个区域的测度成正比，而与这个区域在 (a, b) 中的位置无关．粗略地讲，就是 X 取 (a, b) 中任一点的可能性一样．当然也可以反过来看，均匀分布正是把这种直观的讲法严格化．

在实际应用中，用同一把尺子测量不同物体长度时产生的舍入误差以及在等间隔发车的公共汽车站乘客候车的时间等都是服从均匀分布的．

例 2.3.2 秒表的最小刻度差为 0.2s. 如果计时的精确度是取最近的刻度值，求使用该秒表计时产生的随机误差 X 的概率分布，并计算误差的绝对值不超过 0.05s 的概率．

解 按题意，随机误差 X 的可能取值范围为 $[-0.1, 0.1]$，而且 X 在此区间内服从均匀分布．因此，X 的分布密度函数为

$$f(x) = \begin{cases} 5, & x \in [-0.1, 0.1] \\ 0, & \text{其他} \end{cases}$$

由此不难算得误差的绝对值不超过 0.05 秒的概率为

$$P(|X| \le 0.05) = \int_{-0.05}^{0.05} 5\mathrm{d}x = 0.5$$

2）指数分布

若连续型随机变量 X 具有分布密度函数

$$f(x) = \begin{cases} \lambda e^{-\lambda x}, & x > 0 \\ 0, & x \le 0 \end{cases} \tag{2.24}$$

其中 $\lambda > 0$ 为常数，则称 X 的分布是参数为 λ 的指数分布，记作 $e(\lambda)$．此时，也称 X 服从参数为 λ 的指数分布，记作 $X \sim e(\lambda)$．

由式（2.17）不难求得，指数分布 $e(\lambda)$ 的分布函数为

$$F(x) = \begin{cases} 1 - e^{-\lambda x}, & x > 0 \\ 0, & x \le 0 \end{cases}$$

指数分布的分布密度函数 $f(x)$ 与分布函数 $F(x)$ 的图形见图 2.11 和图 2.12.

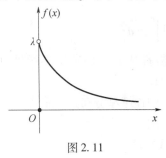

图 2.11　　　　　　　　　　图 2.12

指数分布有重要应用，常用它来作为各种"寿命"分布的近似，例如电子元件的寿命、某些动物的寿命、电话问题中的通话时间、随机服务系统中的服务时间等都常假定服从指数分布．指数分布的重要性还表现在它具有类似于几何分布的"无记忆性"．设 $X \sim e(\lambda)$，则对任何正数 s 和 t，有

$$P(X \ge s + t \mid X \ge s) = P(X \ge t) \tag{2.25}$$

证 $P(X \geq s+t \mid X \geq s) = \dfrac{P(X \geq s+t, X \geq s)}{P(X \geq s)} = \dfrac{P(X \geq s+t)}{P(X \geq s)}$

$$= \frac{e^{-\lambda(s+t)}}{e^{-\lambda s}} = e^{-\lambda t} = P(X \geq t)$$

假如把 X 解释为寿命，则式（2.25）表明，如果已知某人的年龄为 s，则再活 t 年的概率与年龄 s 无关，所以有时又风趣地称指数分布是"永远年轻"的分布.

下面命题也是正确的：指数分布是唯一具有性质（2.25）的连续型分布. 在证明这个事实前，我们先给出一个引理.

引理 2.3.1 若 $f(x)$ 是连续函数（或单调函数），且对一切实数 x，y（或一切 $x \geq 0$，$y \geq 0$），有

$$f(x+y) = f(x)f(y) \tag{2.26}$$

则

$$f(x) = a^x \tag{2.27}$$

其中 $a \geq 0$ 是某一常数.

证 由式（2.26）可得对任意实数 x，有

$$f(x) = \left[f\left(\frac{x}{2}\right)\right]^2 \geq 0$$

因此 $f(x)$ 非负. 反复使用式（2.26）可得，对任意正整数 n 及实数 x，有

$$f(nx) = [f(x)]^n$$

在上式中取 $x = \frac{1}{n}$ 得

$$f(1) = \left[f\left(\frac{1}{n}\right)\right]^n$$

记 $a = f(1)$，则 $a \geq 0$，且

$$f\left(\frac{1}{n}\right) = a^{\frac{1}{n}}$$

因此，对任意正整数 m 及 n，有

$$f\left(\frac{m}{n}\right) = \left[f\left(\frac{1}{n}\right)\right]^m = a^{\frac{m}{n}}$$

这样，我们已证得式（2.27）对一切有理数都成立，再利用连续性（或单调性）可以证明对无理数也成立，从而证明了引理 2.3.1.

下面证明指数分布是唯一具有性质（2.25）的连续型分布这一命题.

设随机变量 X 非负，其分布函数为 $F(x)$，记

$$G(x) = P(X \geq x)$$

则由式（2.25）可得

$$G(x+y) = G(x)G(y)$$

对一切 $x \geq 0$，$y \geq 0$ 成立. 因为 $G(x)$ 是单调函数，所以由引理 2.3.1 得

$$G(x) = a^x, \quad x \geq 0$$

由于 $G(x)$ 是概率，故 $0 < a < 1$，可以记为 $a = e^{-\lambda}$，其中 $\lambda > 0$. 因此

$$F(x) = 1 - G(x) = 1 - e^{-\lambda x}, \qquad x > 0$$

而当 $x \le 0$ 时，$G(x) = 1$，从而 $F(x) = 1 - G(x) = 0$. 由此可知，$X \sim e(\lambda)$.

例 2.3.3 设某种电子管的寿命 X（单位：h）服从参数为 $\lambda = 0.001$ 的指数分布 $e(0.001)$. 求这种电子管能使用 1000h 以上的概率.

解 由题意及指数分布的分布函数知所求概率为

$$P(X > 1000) = 1 - P(X \le 1000) = 1 - F(1000) = e^{-1} = 0.3679$$

3）正态分布

若连续型随机变量 X 具有分布密度函数

$$f(x) = \frac{1}{\sqrt{2\pi}\sigma} e^{-\frac{(x-\mu)^2}{2\sigma^2}}, \quad -\infty < x < +\infty \tag{2.28}$$

其中 $-\infty < \mu < +\infty$，$0 < \sigma < +\infty$ 均为常数，则称 X 的分布是参数为 μ，σ 的正态分布或高斯（Gauss）分布，记作 $N(\mu, \sigma^2)$. 此时，也称 X 服从参数为 μ，σ 的正态分布，记作 $X \sim N(\mu, \sigma^2)$.

按式（2.17），正态分布的分布函数是

$$F(x) = \frac{1}{\sqrt{2\pi}\sigma} \int_{-\infty}^{x} e^{-\frac{(x-\mu)^2}{2\sigma^2}} dx, \quad -\infty < x < +\infty \tag{2.29}$$

其分布密度函数 $f(x)$ 与分布函数 $F(x)$ 的图形见图 2.13 和图 2.14.

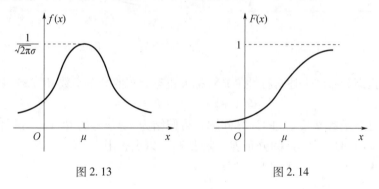

图 2.13   图 2.14

图中，分布密度曲线 $y = f(x)$ 是对称于直线 $x = \mu$ 的钟形曲线，该曲线在 $x = \mu$ 处达到最大值 $\frac{1}{\sqrt{2\pi}\sigma}$，在 $\left(\mu \pm \sigma, \frac{1}{\sqrt{2\pi e}\sigma}\right)$ 处有拐点. 当 $x \to \pm \infty$ 时，以 x 轴为其渐近线. 其中 μ 为位置参数，如果仅改变参数 μ 的值，则分布密度曲线沿着 x 轴平移而形状不改变. σ 为形状参数，σ 的大小反映了钟形曲线的"矮胖"或"高瘦". 如果使 μ 的值固定不变，则当参数 σ 的值减小时，曲线的中心部分升高，而两侧则很快地趋近于 x 轴；当 σ 很小时，曲线的形状与一个尖塔相似，曲线下面的面积几乎全部集中在以 μ 为中心的一个不大的区间内. 反之，当 σ 的值增大时，曲线将趋于平坦.

如果我们在式（2.29）中引入积分变量替换 $\frac{x-\mu}{\sigma} = t$，则有

$$F(x) = \frac{1}{\sqrt{2\pi}\sigma} \int_{-\infty}^{x} e^{-\frac{(x-\mu)^2}{2\sigma^2}} dx = \frac{1}{\sqrt{2\pi}} \int_{-\infty}^{\frac{x-\mu}{\sigma}} e^{-\frac{t^2}{2}} dt$$

$$= \int_{-\infty}^{\frac{x-\mu}{\sigma}} \varphi(t) dt = \Phi\left(\frac{x-\mu}{\sigma}\right) \tag{2.30}$$

其中的 $\varphi(x)$ 与 $\Phi(x)$ 分别是 $N(0,1)$ 的分布密度函数和分布函数

$$\varphi(x) = \frac{1}{\sqrt{2\pi}}\mathrm{e}^{-\frac{x^2}{2}}, \ -\infty < x < +\infty \tag{2.31}$$

$$\Phi(x) = \int_{-\infty}^{x} \varphi(x)\mathrm{d}x = \frac{1}{\sqrt{2\pi}}\int_{-\infty}^{x}\mathrm{e}^{-\frac{x^2}{2}}\mathrm{d}x, \ -\infty < x < +\infty \tag{2.32}$$

式（2.30）表明：只要知道了 $N(0,1)$ 的分布函数 $\Phi(x)$，就能算得 $N(\mu, \sigma^2)$ 的分布函数 $F(x)$．所以，正态分布 $N(\mu, \sigma^2)$ 的计算问题最终归结为 $N(0,1)$ 的计算问题．我们称 $\mu=0$，$\sigma=1$ 时的正态分布 $N(0,1)$ 为标准正态分布．

标准正态分布 $N(0,1)$ 的分布密度曲线 $y=\varphi(x)$ 关于 y 轴对称（图2.15），而分布函数曲线 $y=\Phi(x)$ 则关于点 $(0, \frac{1}{2})$ 对称（图2.16）．

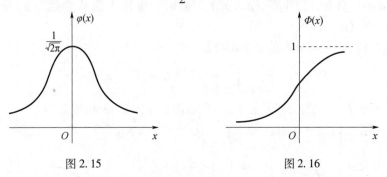

图2.15　　　　　　　　　图2.16

由标准正态分布的上述对称性易知：标准正态分布的分布函数 $\Phi(x)$ 具有性质：

$$\Phi(-x) = 1 - \Phi(x) \tag{2.33}$$

故标准正态分布函数 $\Phi(x)$ 的计算问题又可归结为 $x \geq 0$ 时的 $\Phi(x)$ 的计算．为此，人们编制了 $x \geq 0$ 时 $\Phi(x)$ 的分布表（附表3），以供查用．

例2.3.4　设 $X \sim N(0,1)$，计算

（1）$P(X < 2.35)$；

（2）$P(X < -1.24)$；

（3）$P(|X| < 1.54)$．

解　利用式（2.33）并查附表3即得

（1）$P(X < 2.35) = \Phi(2.35) = 0.9906$

（2）$P(X < -1.24) = \Phi(-1.24) = 1 - \Phi(1.24) = 1 - 0.8925 = 0.1075$

（3）$P(|X| < 1.54) = P(-1.54 < X < 1.54)$
$$= \Phi(1.54) - \Phi(-1.54) = 2\Phi(1.54) - 1$$
$$= 2 \times 0.9382 - 1 = 0.8764$$

例2.3.5　设 $X \sim N(1.5, 4)$，计算

（1）$P(|X-1.5| > 2)$；

（2）$P(|X| \leq 1)$．

解　设 X 的分布函数为 $F(x)$，则利用式（2.30）和式（2.33）并查附表3即得

（1）$P(|X-1.5| > 2) = P(X < -0.5) + P(X > 3.5)$
$$= F(-0.5) + 1 - F(3.5)$$

$$= \Phi\left(\frac{-0.5 - 1.5}{2}\right) + 1 - \Phi\left(\frac{3.5 - 1.5}{2}\right)$$
$$= \Phi(-1) + 1 - \Phi(1)$$
$$= 2[1 - \Phi(1)]$$
$$= 2 \times (1 - 0.8413) = 0.3174$$

(2) $P(|X| \leq 1) = P(X \leq 1) - P(X < -1)$
$$= F(1) - F(-1)$$
$$= \Phi\left(\frac{1 - 1.5}{2}\right) - \Phi\left(\frac{-1 - 1.5}{2}\right)$$
$$= \Phi(-0.25) - \Phi(-1.25)$$
$$= \Phi(1.25) - \Phi(0.25)$$
$$= 0.8944 - 0.5987 = 0.2957$$

正态分布是概率论中最重要的分布. 一方面,正态分布是自然界最常见的一种分布,例如测量的误差;炮弹弹落点的分布;人的生理特征的尺寸:身高、体重等;农作物的收获量;工厂产品的尺寸:直径,长度,宽度,高度……都近似服从正态分布. 一般说来,若影响某一数量指标的随机因素很多,而每个因素所起的作用不太大,则这个指标服从正态分布,这点可以利用概率论的极限定理来加以证明. 另一方面,正态分布具有许多良好的性质,许多分布可用正态分布来近似,另外一些分布又可以通过正态分布来导出,因此在理论研究中,正态分布十分重要.

前面我们介绍了两类非常重要的随机变量,一类是离散型随机变量,其分布函数是跳跃函数,另一类是连续型随机变量,其分布函数是绝对连续函数. 很自然提出这样一个问题,除了上述两类随机变量,还有没有其他类型的随机变量呢?答案是肯定的. 为此,我们先给出分布函数的勒贝格分解定理,定理的证明已超出了本书的范围,请读者参考文献[1].

定理 2.3.2 设随机变量 X 的分布函数为 $F(x)$,则 $F(x)$ 可分解为
$$F(x) = c_1 F_1(x) + c_2 F_2(x) + c_3 F_3(x) \tag{2.34}$$
其中 $F_1(x)$ 是跳跃函数,$F_2(x)$ 是绝对连续函数,$F_3(x)$ 是奇异函数,它们都是分布函数;而 $c_i \geq 0$, $i = 1, 2, 3$,且 $c_1 + c_2 + c_3 = 1$.

在我们讨论过的分布函数中,离散型分布函数是跳跃函数,相当于在式(2.34)中取 $c_1 = 1$, $c_2 = c_3 = 0$ 的场合,对应的随机变量是离散型随机变量;而连续型分布函数是绝对连续函数,相当于在式(2.34)中取 $c_2 = 1$, $c_1 = c_3 = 0$ 的场合,对应的随机变量是连续型随机变量;自然会想到,也可以取 $c_3 = 1$, $c_1 = c_2 = 0$,得到另一类分布函数,从而得到另一类随机变量. 这个结论是正确的,理论上确实存在着另一类分布函数——奇异型分布函数,它是连续函数,但不是绝对连续函数,因而不能表示为积分上限函数,因此它没有概率密度函数. 可以证明上述三类分布函数的任一凸组合也是分布函数,即对任意一组凸系数 c_1, c_2, c_3 ($c_i \geq 0$, $i = 1, 2, 3$; $c_1 + c_2 + c_3 = 1$),函数 $F(x) = c_1 F_1(x) + c_2 F_2(x) + c_3 F_3(x)$ 也是分布函数. 不过到目前为止,常用的分布都是离散型或连续型的,因此我们不准备对奇异型分布多加讨论. 以后证明结果或是对离散型进行,或是对连续型进行,或者对一般分布进行.

习题 2

2.1 在 1~100 这 100 个数中任取一个，用 X 表示取得的数值，则 X 是一随机变量. 试用 X 表示下列事件：

(1) 取得的数为偶数 （　　　）

(2) 取得的数为奇数 （　　　）

(3) 取得的数为两位数 （　　　）

2.2 已知随机变量 X 的所有可能取值是 0，1，2，3，取这些值的概率依次为 0.1，0.2，0.3，0.4，试写出 X 的分布函数.

2.3 设随机变量 X 的分布函数为

$$F(x) = \begin{cases} 0, & x < 0 \\ \sin(x), & 0 \leqslant x < 1 \\ 0.9, & 1 \leqslant x < 2 \\ 1, & x \geqslant 2 \end{cases}$$

求 $P(X \leqslant 1)$，$P(X=1)$，$P(|X|<2)$ 及 $P(|X-1| \geqslant 1)$.

2.4 在下列函数中，哪些函数是随机变量的分布函数（在括号内填上"是"或"否"，并简要说明理由）？

(1) $F(x) = \begin{cases} e^{-x}, & x \geqslant 0 \\ 0, & x < 0 \end{cases}$ （　　　）

(2) $F(x) = \dfrac{1}{2} + \dfrac{1}{\pi}\arctan(x)$ （　　　）

(3) $F(x) = \dfrac{1 + \text{sgn}(x)}{2}$ （　　　）

2.5 含 10 个次品的某批产品共 100 个，求任意取出的 5 个产品中次品数 X 的分布律.

2.6 一批零件中有 9 个正品和 3 个次品. 安装机器时从这批零件中任取 1 个使用. 如果取出的次品不再放回去. 求在取出正品前已取出的次品数 X 的分布律.

2.7 对某一目标进行射击，直至击中为止. 如果每次射击的命中率为 p，求射击次数 X 的分布律.

2.8 进行 8 次独立射击，设每次击中目标的概率都为 0.3，问击中几次的可能性最大？并求相应的概率.

2.9 已知一本书中一页的印刷错误的个数 X 服从泊松分布 $P(0.2)$，试计算 X 的分布律（近似到小数点后 4 位），并求一页上印刷错误不多于 1 个的概率.

2.10 电话站为 300 个用户服务. 设在 1h 内每一用户使用电话的概率为 0.01，求在 1h 内有 4 个用户使用电话的概率（先用二项分布计算，再用泊松分布近似计算，并求两次计算的相对误差）.

2.11 设公共汽车站每隔 5min 有一辆汽车通过，乘客在任一时刻到达汽车站都是等可能的，求乘客的候车时间不超过 3min 的概率.

2.12 （柯西分布）设连续型随机变量 X 的分布函数为

$$F(x) = A + B\arctan(x)$$

求：（1）系数 A, B；

（2） X 落在区间 $(-1, 1)$ 内的概率；

（3） X 的分布密度 $f(x)$.

2.13 （拉普拉斯分布）设随机变量 X 的分布密度函数为

$$f(x) = Ae^{-|x|}, \quad -\infty < x < +\infty$$

求：（1）系数 A；（2） X 的分布函数 .

2.14 设某台设备在时间段 $[0, t]$ $(t \geqslant 0)$ 内发生故障的次数 $N(t)$ 服从泊松分布 $P(\lambda t)$ $(\lambda > 0)$，证明相继两次故障之间的时间 T 服从指数分布 $e(\lambda)$.

2.15 设随机变量 X 服从正态分布 $N(1, 4)$，利用正态分布函数与标准正态分布函数的关系计算下列事件的概率：

（1） $P(X < 2.2)$；（2） $P(|X-1| \leqslant 1)$；（3） $P(|X| > 4.56)$.

2.16 （正态分布的 3σ 原理） 设 X 服从参数为 μ, σ 的正态分布 $N(\mu, \sigma^2)$，求 X 落在区间 $(\mu - k\sigma, \mu + k\sigma)$ 内的概率 $(k = 1, 2, 3)$.

2.17 设

$$F(x) = \begin{cases} 0, & x < 0 \\ \dfrac{1+x}{2}, & 0 \leqslant x < 1 \\ 1, & x \geqslant 1 \end{cases}$$

（1）函数 $F(x)$ 是否为分布函数？

（2）若是，判断对应随机变量的类型 .

3   随机向量及其概率分布

为了把随机试验的结果数量化,在第 2 章 2.1 节我们引进了随机向量(即多维随机变量)的概念.所谓 n 维随机向量(或 n 维随机变量)指的是由定义在同一个概率空间上的 n 个随机变量组成的向量 $(X_1,\ X_2,\ \cdots,\ X_n)$.

为了方便,本章将重点讨论二维随机变量.除特别声明外,对二维随机变量讨论的结果都可推广到 $n\ (n>2)$ 维随机变量.

3.1   二维随机变量的概率分布

同一维随机变量一样,为了把某些试验的结果数量化,我们需要用二维随机变量来描述.例如,在研究某一地区学龄前儿童的身体发育情况(如考察身高 X 和体重 Y)时,对这一地区的儿童进行抽查,考察的结果就要用身高 X 和体重 Y 这两个随机变量构成的二维随机变量 $(X,\ Y)$ 来表示.又如炮弹弹着点的位置也需要由它们的横坐标 X 和纵坐标 Y 构成的二维随机变量 $(X,\ Y)$ 来表示.

二维随机变量 $(X,\ Y)$ 的性质不仅与两个分量 X 和 Y 有关,而且依赖于这两个随机变量的相互关系.因此,逐个地研究 X 和 Y 的性质是远远不够的,还需将 $(X,\ Y)$ 作为一个整体进行研究.为此,引入二维随机变量的分布函数.

3.1.1   二维随机变量的分布函数

定义 3.1.1   设 X 和 Y 是定义在同一个概率空间 $(\Omega,\ \mathcal{F},\ P)$ 上的两个随机变量,则称 $(X,\ Y)$ 为定义在 $(\Omega,\ \mathcal{F},\ P)$ 上的一个二维随机变量.

由二维随机变量的定义知,对任意两个实数 $x,\ y$,有
$$\{X \leqslant x,\ Y \leqslant y\} \triangleq \{\omega\mid X(\omega) \leqslant x,\ Y(\omega) \leqslant y\} = \{\omega\mid X(\omega) \leqslant x\} \cap \{\omega\mid Y(\omega) \leqslant y\} \in \mathcal{F}$$
进一步,可以证明,若 B 是 $\mathbb{R}^2$ 上任一博雷尔点集,也有
$$\{(X,\ Y) \in B\} \triangleq \{\omega\mid (X(\omega),\ Y(\omega)) \in B\} \in \mathcal{F}$$
类似于一维的场合,我们引入如下定义.

定义 3.1.2   设 $(X,\ Y)$ 为定义在概率空间 $(\Omega,\ \mathcal{F},\ P)$ 上的二维随机变量,称函数
$$F(B) = P((X,\ Y) \in B),\ B \in \mathcal{B}_2 \tag{3.1}$$
和
$$F(x,\ y) = P(X \leqslant x,\ Y \leqslant y),\ x,\ y \in \mathbb{R} \tag{3.2}$$
分别为二维随机变量 $(X,\ Y)$ 的概率分布和分布函数,或随机变量 X 和 Y 的联合概率分布和联合分布函数.

类似于一维随机变量,二维随机变量的概率分布和分布函数可互相唯一决定.

如果将二维随机变量 (X, Y) 看成平面上随机点的坐标，那么，分布函数 $F(x, y)$ 在 (x, y) 处的函数值就是随机点 (X, Y) 落在以 (x, y) 为顶点而位于该点左下方的无穷矩形域（图 3.1 的阴影部分）内的概率. 同一维随机变量的讨论一样，借助于图 3.2，我们还可以计算出，对于任意的 x_1, x_2, y_1, y_2 $(x_1 < x_2, y_1 < y_2)$，随机点 (X, Y) 落在矩形区域 $\{x_1 < X \leqslant x_2, y_1 < Y \leqslant y_2\}$ 及点 (x_2, y_2) 的概率分别为

$$P(x_1 < X \leqslant x_2, y_1 < Y \leqslant y_2) = F(x_2, y_2) - F(x_1, y_2) - F(x_2, y_1) + F(x_1, y_1)$$

$$(3.3)$$

和

$$P(X = x_2, Y = y_2) = F(x_2, y_2) - F(x_2^-, y_2) - F(x_2, y_2^-) + F(x_2^-, y_2^-)$$

$$(3.4)$$

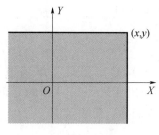 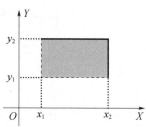

图 3.1   图 3.2

依照上述解释及概率的定义，容易推得以下定理.

定理 3.1.1 二维随机变量 (X, Y) 的分布函数 $F(x, y)$ 具有下列性质：

（1）（单调性）$F(x, y)$ 是 x 和 y 的单调不减函数，即对任意的实数 x, y，都有

$$F(x_1, y) \leqslant F(x_2, y), \qquad x_1 < x_2$$
$$F(x, y_1) \leqslant F(x, y_2), \qquad y_1 < y_2$$

（2）（有界性）对任意的实数 x, y，都有

$$0 \leqslant F(x, y) \leqslant 1, \qquad F(+\infty, +\infty) = 1$$
$$F(-\infty, y) = F(x, -\infty) = F(-\infty, -\infty) = 0$$

（3）（右连续性）$F(x, y)$ 关于 x 和 y 都是右连续的，即对任意的实数 x, y，都有

$$F(x^+, y) = F(x, y)$$
$$F(x, y^+) = F(x, y)$$

（4）（非负性）对任意的 x_1, x_2, y_1, y_2 $(x_1 < x_2, y_1 < y_2)$，有

$$F(x_2, y_2) - F(x_1, y_2) - F(x_2, y_1) + F(x_1, y_1) \geqslant 0$$

为保证式（3.3）中的概率是非负的，性质（4）是必须的，而且由性质（4）可以推出单调性，但存在反例说明，由单调性并不能保证性质（4）的成立（习题 3.1）. 这是多元场合与一元场合的不同之处.

有了二维随机变量的分布函数的概念，我们又可把二维随机变量 (X, Y) 的概率分布问题转化为对分布函数 $F(x, y)$ 的讨论，因为只要知道了二维随机变量 (X, Y) 的分布函数 $F(x, y)$，就可知道 (X, Y) 落在任一矩形域及任一点的概率. 反过来，满足上述四条性质的 $F(x, y)$ 也必定是某二维随机变量 (X, Y) 的分布函数. 因此，

在这个意义上说，分布函数 $F(x, y)$ 全面描述了二维随机变量的取值规律.

下面我们讨论最常用的两种特殊类型的二维随机变量的概率分布.

3.1.2 二维离散型随机变量及其概率分布

二维离散型随机变量是指只取有限个或可列个随机点的二维随机变量.

设二维离散型随机变量 (X, Y) 的所有可能取值为

$$(x_i, y_j) \qquad (i, j = 1, 2, \cdots)$$

而 (X, Y) 取各个可能值的概率（即概率分布）为

$$P(X = x_i, Y = y_j) = p_{ij} \qquad (i, j = 1, 2, \cdots) \tag{3.5}$$

则由概率定义知式（3.5）中的 p_{ij} 满足

$$\begin{cases} p_{ij} \geqslant 0 \quad (i, j = 1, 2, \cdots) \\ \sum\limits_{i,j} p_{ij} = 1 \end{cases} \tag{3.6}$$

反之，满足条件式（3.6）的 p_{ij}（$i, j = 1, 2, \cdots$）必定是某二维离散型随机变量 (X, Y) 的概率分布. 通常称式（3.5）为离散型随机变量 (X, Y) 的分布律，或随机变量 X 和 Y 的联合分布律. 分布律也可用表格形式表示，见表3.1.

表 3.1

X	Y				
	y_1	y_2	$\cdots$	y_j	$\cdots$
x_1	p_{11}	p_{12}	$\cdots$	p_{1j}	$\cdots$
x_2	p_{21}	p_{22}	$\cdots$	p_{2j}	$\cdots$
$\vdots$	$\vdots$	$\vdots$	$\ddots$	$\vdots$	$\vdots$
x_i	p_{i1}	p_{i2}	$\cdots$	p_{ij}	$\cdots$
$\vdots$	$\vdots$	$\vdots$		$\vdots$	

有了二维离散型随机变量 (X, Y) 的分布律 ［式（3.5）］，我们就能容易地写出随机事件 $\{(X, Y) \in B\}$ 的概率

$$P((X, Y) \in B) = \sum_{(x_i, y_j) \in B} P(X = x_i, Y = y_j) = \sum_{(x_i, y_j) \in B} p_{ij}$$

其中 B 为 $\mathbb{R}^2$ 上任一博雷尔点集.

据此，我们能写出二维离散型随机变量 (X, Y) 的分布函数

$$F(x, y) = \sum_{x_i \leqslant x, y_j \leqslant y} P(X = x_i, Y = y_j) = \sum_{x_i \leqslant x, y_j \leqslant y} p_{ij} \tag{3.7}$$

反之，有了二维离散型随机变量 (X, Y) 的分布函数 $F(x, y)$，我们也能容易地写出它的分布律：

$$P(X = x_i, Y = y_j) = p_{ij} = F(x_i, y_j) - F(x_i^-, y_j) - F(x_i, y_j^-) + F(x_i^-, y_j^-)$$

$$(i, j = 1, 2, \cdots)$$

通常我们用分布律描述二维离散型随机变量的取值规律.

例 3.1.1 设随机变量 X 在 1，2，3，4 中等可能地取值，另一个随机变量 Y 在 $1 \sim X$ 中等可能地取一整数值，求 (X, Y) 的分布律.

解 由乘法公式容易求得 (X, Y) 的分布律为

$$P(X=i, Y=j) = P(X=i)P(Y=j \mid X=i) = \frac{1}{4} \times \frac{1}{i} \quad (1 \leqslant j \leqslant i \leqslant 4)$$

用表格形式表示即为表 3.2.

表 3.2

X	Y			
	1	2	3	4
1	$\frac{1}{4}$	0	0	0
2	$\frac{1}{8}$	$\frac{1}{8}$	0	0
3	$\frac{1}{12}$	$\frac{1}{12}$	$\frac{1}{12}$	0
4	$\frac{1}{16}$	$\frac{1}{16}$	$\frac{1}{16}$	$\frac{1}{16}$

3.1.3 二维连续型随机变量及其概率分布

与一维连续型随机变量类似, 对于二维随机变量 (X, Y) 的分布函数 $F(x, y)$, 如果存在非负函数 $f(x, y)$, 使得对任意实数 x, y, 有

$$F(x,y) = \int_{-\infty}^{x} \int_{-\infty}^{y} f(x,y) \, \mathrm{d}x\mathrm{d}y \tag{3.8}$$

则称 (X, Y) 是二维连续型随机变量, 其中 $f(x, y)$ 称为二维随机变量 (X, Y) 的分布密度函数或概率密度函数, 也可称 $f(x, y)$ 为随机变量 X 和 Y 的联合分布密度函数或概率密度函数. 同时称相应的概率分布为连续型分布.

同样, 二维连续型随机变量也有与一维连续型随机变量相应的性质.

定理 3.1.2 二维连续型随机变量 (X, Y) 的分布密度函数 $f(x, y)$ 和分布函数 $F(x, y)$ 具有下列性质:

(1) 在整个二维平面上, $f(x, y)$ 满足

$$\begin{cases} f(x,y) \geqslant 0 & (|x| < +\infty, |y| < +\infty) \\ \int_{-\infty}^{+\infty} \int_{-\infty}^{+\infty} f(x,y) \mathrm{d}x\mathrm{d}y = 1 \end{cases} \tag{3.9}$$

(2) 在整个二维平面上, $F(x, y)$ 连续. 在 $F(x, y)$ 已知时, 可通过求二阶混合偏导 $\dfrac{\partial^2 F}{\partial x \partial y}$ (在它的连续点处) 获得分布密度函数:

$$f(x, y) = \frac{\partial^2 F}{\partial x \partial y} \tag{3.10}$$

(3) 对 $\mathbb{R}^2$ 上任一博雷尔点集 B, 有

$$P((X,Y) \in B) = \iint_B f(x,y) \, \mathrm{d}x\mathrm{d}y \tag{3.11}$$

定理 3.1.2 表明, 在几何上 $z=f(x,y)$ 表示空间的一张曲面, 介于该曲面与 xOy 平面之间的空间区域的体积等于 1; 而与 $f(x,y)$ 相应的分布函数 $F(x,y)$ 的图形是一张介于平面 $z=0$ 与 $z=1$ 之间随 x (或 y) 单调不减的连续曲面. 同时, 只要知道了二维连续型随机变量 (X,Y) 的分布密度函数, 就能算出 (X,Y) 落在任一平面上博雷尔点集内的概率. 反过来, 满足条件式 (3.9) 的 $f(x,y)$ 也必定是某二维连续型随机变量 (X,Y) 的分布密度函数. 因此, 对二维连续型随机变量, 通常用分布密度函数描述它的取值规律.

例 3.1.2 设二维随机变量 (X,Y) 具有分布密度函数

$$f(x,y) = \begin{cases} Ae^{-(2x+y)}, & x>0, \ y>0 \\ 0, & \text{其他} \end{cases}$$

求系数 A 与 (X,Y) 的分布函数 $F(x,y)$ 以及概率 $P(Y \leqslant X)$.

解 由

$$1 = \int_{-\infty}^{+\infty} \int_{-\infty}^{+\infty} f(x,y) \, dxdy = \int_0^{+\infty} \int_0^{+\infty} Ae^{-(2x+y)} \, dxdy = \frac{A}{2}$$

知 $A=2$, 故 (X,Y) 的分布密度函数为

$$f(x,y) = \begin{cases} 2e^{-(2x+y)}, & x>0, \ y>0 \\ 0, & \text{其他} \end{cases}$$

对 $f(x,y)$ 积分即知 (X,Y) 的分布函数为

$$F(x,y) = \int_{-\infty}^{x} \int_{-\infty}^{y} f(x,y) \, dxdy$$

$$= \begin{cases} \int_0^x 2e^{-2x} dx \int_0^y e^{-y} dy, & x>0, \ y>0 \\ 0, & \text{其他} \end{cases}$$

$$= \begin{cases} (1-e^{-2x})(1-e^{-y}), & x>0, \ y>0 \\ 0, & \text{其他} \end{cases}$$

概率 $P(Y \leqslant X)$ 为

$$P(Y \leqslant X) = \iint_{0 < y \leqslant x} 2e^{-(2x+y)} \, dxdy = \int_0^{+\infty} 2e^{-2x} dx \int_0^x e^{-y}$$

$$= \int_0^{+\infty} 2e^{-2x}(1-e^{-x}) \, dx = \frac{1}{3}$$

例 3.1.3 设平面区域 D 的面积 $A>0$, (X,Y) 在 D 上取值且在 D 上分布均匀 (即分布密度函数为常数), 则称 (X,Y) 在 D 上服从均匀分布, 显然在 D 上均匀分布的二维随机变量 (X,Y) 的分布密度函数为

$$f(x,y) = \begin{cases} \dfrac{1}{A}, & (x,y) \in D \\ 0, & \text{其他} \end{cases}$$

3.2 边缘分布

二维随机变量 (X,Y) 作为一个整体, 具有分布函数 $F(x,y)$. 而作为 (X,Y)

的分量，X 和 Y 都是随机变量，各自也应有分布函数．将它们分别记为 $F_X(x)$ 和 $F_Y(y)$，依次称为二维随机变量 (X,Y) 关于 X 和 Y 的边缘分布函数．边缘分布函数可以由分布函数 $F(x,y)$ 确定如下：

$$\left.\begin{array}{l} F_X(x)=P(X\leqslant x,\ Y<+\infty)=F(x,\ +\infty) \\ F_Y(y)=P(X<+\infty,\ Y\leqslant y)=F(+\infty,\ y) \end{array}\right\} \quad (3.12)$$

例 3.2.1 若二维随机变量 (X,Y) 的分布函数为

$$F(x,y)=\begin{cases}1-e^{-x}-e^{-y}+e^{-x}e^{-y}e^{-\lambda xy}, & x,y>0 \\ 0, & \text{其他}\end{cases}$$

其中 $\lambda>0$ 为常数，则称 (X,Y) 服从参数为 λ 的二维指数分布，求 $F_X(x)$ 和 $F_Y(y)$．

解 利用式（3.12）可得

$$F_X(x)=F(x,\ +\infty)=\begin{cases}1-e^{-x}, & x>0 \\ 0, & x\leqslant 0\end{cases}$$

$$F_Y(y)=F(+\infty,\ y)=\begin{cases}1-e^{-y}, & y>0 \\ 0, & y\leqslant 0\end{cases}$$

此例表明，二维指数分布的两个边缘分布都是一维指数分布，并且都不依赖于参数 λ．此例也表明，二维随机变量的联合分布函数不能由两个边缘分布函数唯一确定，也就是说二维随机变量的性质并不能由它的两个分量的个别性质来确定，这时还必须考虑它们之间的联系．

思考题：对三维随机变量 (X,Y,Z)，设其联合分布函数为 $F(x,y,z)$，求 (X,Y,Z) 的边缘分布函数．

对于二维离散型随机变量 (X,Y)，其边缘分布函数可由 X 与 Y 的联合分布律 p_{ij} $(i,j=1,2,\cdots)$ 确定如下：

$$\left.\begin{array}{l} F_X(x)=P(X\leqslant x,Y<+\infty)=\sum_{x_i\leqslant x}\sum_j p_{ij} \\ F_Y(y)=P(X<+\infty,Y\leqslant y)=\sum_{y_j\leqslant y}\sum_i p_{ij} \end{array}\right\} \quad (3.13)$$

而边缘分布律也可由联合分布律 p_{ij} $(i,j=1,2,\cdots)$ 确定为

$$\left.\begin{array}{l} P(X=x_i)=\sum_j p_{ij},i=1,2,\cdots \\ P(Y=y_j)=\sum_i p_{ij},j=1,2,\cdots \end{array}\right\} \quad (3.14)$$

由此可知，二维离散型随机变量 (X,Y) 的两个分量都是一维离散型随机变量．我们把这两个随机变量的分布律［式（3.14）］分别称为 (X,Y) 关于 X 和 Y 的边缘分布律，并分别记作 $p_i.$ 和 $p_{.j}$ 即

$$\left.\begin{array}{l} p_{i.}=P(X=x_i)=\sum_j p_{ij},i=1,2,\cdots \\ p_{.j}=P(Y=y_j)=\sum_i p_{ij},j=1,2,\cdots \end{array}\right\} \quad (3.15)$$

例 3.2.2 求例 3.1.1 中定义的 (X,Y) 的边缘分布律．

解 按式（3.15），在分布表 3.2 中，将 X 与 Y 的联合分布律按行、列分别相加，

得所求边缘分布律（表3.3）为

$$p_1. = \frac{1}{4}, \quad p_2. = \frac{1}{4}, \quad p_3. = \frac{1}{4}, \quad p_4. = \frac{1}{4}$$

$$p._1 = \frac{25}{48}, \quad p._2 = \frac{13}{48}, \quad p._3 = \frac{7}{48}, \quad p._4 = \frac{3}{48}$$

表 3.3

X	Y				$p_i.$
	1	2	3	4	
1	$\frac{1}{4}$	0	0	0	$\frac{1}{4}$
2	$\frac{1}{8}$	$\frac{1}{8}$	0	0	$\frac{1}{4}$
3	$\frac{1}{12}$	$\frac{1}{12}$	$\frac{1}{12}$	0	$\frac{1}{4}$
4	$\frac{1}{16}$	$\frac{1}{16}$	$\frac{1}{16}$	$\frac{1}{16}$	$\frac{1}{4}$
$p._j$	$\frac{25}{48}$	$\frac{13}{48}$	$\frac{7}{48}$	$\frac{3}{48}$	1

正如表3.3所示，为了书写方便，我们常常将边缘分布律写在联合分布律表格的边缘上，这就是"边缘分布律"这个名词的来源.

对于二维连续型随机变量 (X, Y)，其边缘分布函数可由 X 与 Y 的联合分布密度函数 $f(x, y)$ 确定如下：

$$\left.\begin{array}{l} F_X(x) = P(X \leqslant x, Y < +\infty) = \int_{-\infty}^{x} \left[\int_{-\infty}^{+\infty} f(x, y) \mathrm{d}y \right] \mathrm{d}x \\ F_Y(y) = P(X < +\infty, Y \leqslant y) = \int_{-\infty}^{y} \left[\int_{-\infty}^{+\infty} f(x, y) \mathrm{d}x \right] \mathrm{d}y \end{array}\right\} \quad (3.16)$$

由此可知，二维连续型随机变量 (X, Y) 的两个分量都是一维连续型的随机变量.

其分布密度函数可表示为

$$\left.\begin{array}{l} f_X(x) = \int_{-\infty}^{+\infty} f(x, y) \mathrm{d}y \\ f_Y(y) = \int_{-\infty}^{+\infty} f(x, y) \mathrm{d}x \end{array}\right\} \quad (3.17)$$

我们把由式（3.17）给出的两个随机变量的分布密度函数 $f_X(x)$ 和 $f_Y(y)$ 分别称为二维连续型随机变量 (X, Y) 关于 X 和 Y 的边缘分布密度函数或边缘概率密度函数.

例3.2.3 求例3.1.2中的二维随机变量 (X, Y) 关于 X 和 Y 的边缘分布密度函数.

解 在例3.1.2中，将 X 与 Y 的联合分布密度函数分别按式（3.17）中的两个式子进行积分，即得二维随机变量 (X, Y) 关于 X 和 Y 的边缘分布密度函数分别为

$$f_X(x) = \int_{-\infty}^{+\infty} f(x, y) \mathrm{d}y = \begin{cases} \int_0^{+\infty} 2\mathrm{e}^{-(2x+y)} \mathrm{d}y = 2\mathrm{e}^{-2x}, & x > 0 \\ 0, & x \leqslant 0 \end{cases}$$

和

$$f_Y(y) = \int_{-\infty}^{+\infty} f(x,y)\,\mathrm{d}x = \begin{cases} \displaystyle\int_0^{+\infty} 2e^{-(2x+y)}\,\mathrm{d}x = e^{-y}, & y > 0 \\ 0, & y \leqslant 0 \end{cases}$$

例 3.2.4 若二维随机变量 (X, Y) 的分布密度函数为

$$f(x, y) = \frac{1}{2\pi\sigma_1\sigma_2\sqrt{1-\rho^2}}\exp\left\{\frac{-1}{2(1-\rho^2)}\left[\frac{(x-\mu_1)^2}{\sigma_1^2} - \right.\right.$$

$$\left.\left. 2\rho\frac{(x-\mu_1)(y-\mu_2)}{\sigma_1\sigma_2} + \frac{(y-\mu_2)^2}{\sigma_2^2}\right]\right\} \quad \left(\begin{matrix}|x| < +\infty \\ |y| < +\infty\end{matrix}\right) \tag{3.18}$$

其中 $-\infty < \mu_1, \mu_2 < +\infty$, $0 < \sigma_1, \sigma_2 < +\infty$, $-1 < \rho < 1$ 是常数, 则称 (X, Y) 服从参数为 $\mu_1, \mu_2, \sigma_1^2, \sigma_2^2, \rho$ 的二维正态分布, 记作 $N(\mu_1, \mu_2, \sigma_1^2, \sigma_2^2, \rho)$. 试求二维正态随机变量 (X, Y) 的边缘分布密度函数.

解 将分布密度函数代入式 (3.17) 的第一式并作积分变量替换

$$\frac{1}{\sqrt{1-\rho^2}}\left(\frac{y-\mu_2}{\sigma_2} - \rho\frac{x-\mu_1}{\sigma_1}\right) = t$$

则有

$$\begin{aligned}
f_X(x) &= \int_{-\infty}^{+\infty} f(x,y)\,\mathrm{d}y \\
&= \int_{-\infty}^{+\infty} \frac{1}{2\pi\sigma_1\sigma_2\sqrt{1-\rho^2}}\exp\left\{\frac{-1}{2(1-\rho^2)}\left[\frac{(x-\mu_1)^2}{\sigma_1^2} - \right.\right. \\
&\quad \left.\left. 2\rho\frac{(x-\mu_1)(y-\mu_2)}{\sigma_1\sigma_2} + \frac{(y-\mu_2)^2}{\sigma_2^2}\right]\right\}\mathrm{d}y \\
&= \frac{1}{\sqrt{2\pi}\sigma_1}e^{-\frac{(x-\mu_1)^2}{2\sigma_1^2}} \cdot \frac{1}{\sqrt{2\pi}}\int_{-\infty}^{+\infty} e^{-\frac{t^2}{2}}\,\mathrm{d}t \\
&= \frac{1}{\sqrt{2\pi}\sigma_1}e^{-\frac{(x-\mu_1)^2}{2\sigma_1^2}} \quad (|x| < +\infty)
\end{aligned} \tag{3.19}$$

同理有

$$f_Y(y) = \frac{1}{\sqrt{2\pi}\sigma_2}e^{-\frac{(y-\mu_2)^2}{2\sigma_2^2}} \quad (|y| < +\infty) \tag{3.20}$$

此例表明, 二维正态分布的两个边缘分布都是一维正态分布, 并且都不依赖于参数 ρ. 因此, 二维正态分布不能由它的两个边缘分布唯一确定. 甚至, 即使两个边缘分布都是正态分布, 原二维分布也未必是正态分布 (其反例见习题 3.9).

3.3 条件分布

对二维随机变量 (X, Y), 我们还可以考虑在其中一个随机变量取得 (可能的) 固定值的条件下, 另一个随机变量的概率分布. 这样得到的 X 或 Y 的概率分布叫作条件概率分布, 简称条件分布.

首先讨论二维离散型随机变量 (X, Y) 的条件分布.

设 X 和 Y 的联合分布律为

$$P\ (X=x_i,\ Y=y_j)\ =p_{ij}\quad (i,\ j=1,\ 2,\ \cdots)$$

对应于 X 和 Y 的两个边缘分布律为

$$P\ (X=x_i)\ =p_{i\cdot},\ P\ (Y=y_j)\ =p_{\cdot j}\quad (i,\ j=1,\ 2,\ \cdots)$$

则由条件概率的计算公式可知，当 $P\ (X=x_i)\ >0$ 时，$(X,\ Y)$ 在 $X=x_i$ 条件下 Y 的分布律为

$$P\ (Y=y_j\,|\,X=x_i)\ =\frac{P\ (X=x_i,\ Y=y_j)}{P\ (X=x_i)}=\frac{p_{ij}}{p_{i\cdot}}\quad (j=1,\ 2,\ \cdots)\qquad (3.21)$$

我们把由式（3.21）表示的 Y 的这个分布律称为在 $X=x_i$ 的条件下 Y 的条件分布律. 同理可知，当 $P\ (Y=y_j)\ >0$ 时，$(X,\ Y)$ 在 $Y=y_j$ 的条件下 X 的分布律为

$$P\ (X=x_i\,|\,Y=y_j)\ =\frac{P\ (X=x_i,\ Y=y_j)}{P\ (Y=y_i)}=\frac{p_{ij}}{p_{\cdot j}}\quad (i=1,\ 2,\ \cdots)\qquad (3.22)$$

我们把由式（3.22）表示的 X 的这个分布律称为在 $Y=y_j$ 的条件下 X 的条件分布律.

例 3.3.1 求例 3.1.1 中的二维随机变量 $(X,\ Y)$ 在 $X=3$ 的条件下随机变量 Y 的条件分布律以及 $(X,\ Y)$ 在 $Y=3$ 的条件下随机变量 X 的条件分布律.

解 将 X 与 Y 的联合分布律 p_{ij} 及例 3.2.2 的结果

$$P\ (X=3)\ =p_{3\cdot}=\frac{1}{4};\quad P\ (Y=3)\ =p_{\cdot 3}=\frac{7}{48}$$

代入式（3.21）即得在 $X=3$ 的条件下 Y 的条件分布律为

y_j	1	2	3	4
$P\ (Y=y_j\,|\,X=3)$	$\frac{1}{3}$	$\frac{1}{3}$	$\frac{1}{3}$	0

代入式（3.22）即得在 $Y=3$ 的条件下 X 的条件分布律为

x_i	1	2	3	4
$P\ (X=x_i\,|\,Y=3)$	0	0	$\frac{4}{7}$	$\frac{3}{7}$

例 3.3.2 设在某天中进入某商场的顾客人数 X 服从泊松分布 $P\ (\lambda)$，每位顾客购买某种商品的概率为 p，且每位顾客是否购买该商品相互独立，求进入商场的顾客中购买此商品的人数 Y 的分布律.

解 由于 X 的分布律为

$$P\ (X=m)\ =\frac{\lambda^m}{m!}\mathrm{e}^{-\lambda},\ m=0,\ 1,\ \cdots$$

而在 $X=m$ 的条件下，$Y\sim B\ (m,\ p)$，即

$$P\ (Y=k\,|\,X=m)\ =C_m^k p^k\ (1-p)^{m-k},\quad k=0,\ 1,\ \cdots,\ m$$

故由全概率公式得

$$P(Y=k)=\sum_{m=0}^{\infty}P(X=m)P(Y=k\,|\,X=m)$$

$$= \sum_{m=k}^{\infty} \frac{\lambda^m}{m!} e^{-\lambda} C_m^k p^k (1-p)^{m-k}$$

$$= \frac{(\lambda p)^k}{k!} e^{-\lambda} \sum_{m=k}^{\infty} \frac{[\lambda(1-p)]^{m-k}}{(m-k)!}$$

$$= \frac{(\lambda p)^k}{k!} e^{-\lambda} \sum_{i=0}^{\infty} \frac{[\lambda(1-p)]^i}{i!}$$

$$= \frac{(\lambda p)^k}{k!} e^{-\lambda} e^{-\lambda(1-p)}$$

$$= \frac{(\lambda p)^k}{k!} e^{-\lambda p}, \quad k=0, 1, 2, \cdots$$

由此可知, Y 服从参数为 λp 的泊松分布.

下面讨论二维连续型随机变量 (X, Y) 的条件分布.

设二维连续型随机变量 (X, Y) 的分布密度函数 $f(x, y)$ 和边缘分布密度函数 $f_X(x)$ 都连续且 $f_X(x) > 0$, 则在 $X = x$ 的条件下 Y 的分布函数为

$$\begin{aligned} F_{Y|X}(y|x) &= \lim_{\Delta x \to 0} \frac{P(x \leqslant X \leqslant x + \Delta x, Y \leqslant y)}{P(x \leqslant X \leqslant x + \Delta x)} \\ &= \lim_{\Delta x \to 0} \frac{\int_x^{x+\Delta x} dx \int_{-\infty}^{y} f(x,y) dy}{\int_x^{x+\Delta x} dx \int_{-\infty}^{+\infty} f(x,y) dy} \\ &= \lim_{\Delta x \to 0} \frac{\Delta x \int_{-\infty}^{y} f(x + \theta_1 \Delta x, y) dy}{\Delta x f_X(x + \theta_2 \Delta x)} \quad (0 < \theta_1 < 1, 0 < \theta_2 < 1) \\ &= \frac{\int_{-\infty}^{y} f(x,y) dy}{f_X(x)} = \int_{-\infty}^{y} \frac{f(x,y)}{f_X(x)} dy \end{aligned}$$

这说明在 $X = x$ 的条件下 Y 的分布为连续型分布, 且分布密度函数为

$$f_{Y|X}(y|x) = \frac{f(x, y)}{f_X(x)} \tag{3.23}$$

我们把由式 (3.23) 表示的分布密度函数 $f_{Y|X}(y|x)$ 称为在 $X = x$ 的条件下 Y 的条件分布密度函数. 同理, 若二维连续型随机变量 (X, Y) 的分布密度函数 $f(x, y)$ 和边缘分布密度函数 $f_Y(y)$ 都连续且 $f_Y(y) > 0$, 则在 $Y = y$ 的条件下 X 的分布也为连续型分布, 且分布密度函数为

$$f_{X|Y}(x|y) = \frac{f(x, y)}{f_Y(y)} \tag{3.24}$$

我们把由式 (3.24) 表示的分布密度函数 $f_{X|Y}(x|y)$ 称为在 $Y = y$ 的条件下 X 的条件分布密度函数.

例 3.3.3 求例 3.1.2 中二维随机变量 (X, Y) 在 $X = x$ ($x > 0$) 的条件下 Y 的条件分布密度函数和 $Y = y$ ($y > 0$) 的条件下 X 的条件分布密度函数.

解 由例 3.1.2 知 (X, Y) 的分布密度函数为

$$f(x, y) = \begin{cases} 2e^{-(2x+y)}, & x > 0, y > 0 \\ 0, & \text{其他} \end{cases}$$

而由例 3.2.3 知 (X, Y) 的两个边缘分布密度函数为

$$f_X(x) = \begin{cases} 2e^{-2x}, & x > 0 \\ 0, & x \leqslant 0 \end{cases} \quad 和 f_Y(y) = \begin{cases} e^{-y}, & y > 0 \\ 0, & y \leqslant 0 \end{cases}$$

代入式（3.23）即得二维随机变量 (X, Y) 在 $X = x$ $(x > 0)$ 的条件下 Y 的条件分布密度函数为

$$f_{Y|X}(y|x) = \frac{f(x, y)}{f_X(x)} = \begin{cases} \dfrac{2e^{-(2x+y)}}{2e^{-2x}} = e^{-y}, & y > 0 \\ 0, & y \leqslant 0 \end{cases}$$

代入式（3.24）即得二维随机变量 (X, Y) 在 $Y = y$ $(y > 0)$ 的条件下 X 的条件分布密度函数为

$$f_{X|Y}(x|y) = \frac{f(x, y)}{f_Y(y)} = \begin{cases} \dfrac{2e^{-(2x+y)}}{e^{-y}} = 2e^{-2x}, & x > 0 \\ 0, & x \leqslant 0 \end{cases}$$

例 3.3.4 设 $(X, Y) \sim N(\mu_1, \mu_2, \sigma_1^2, \sigma_2^2, \rho)$，求条件分布密度函数 $f_{Y|X}(y|x)$ 和 $f_{X|Y}(x|y)$．

解 由例 3.2.4 知，$X \sim N(\mu_1, \sigma_1^2)$，$Y \sim N(\mu_2, \sigma_2^2)$，从而由式（3.24）得

$$f_{X|Y}(x|y) = \frac{f(x, y)}{f_Y(y)}$$

$$= \frac{\dfrac{1}{2\pi\sigma_1\sigma_2\sqrt{1-\rho^2}}\exp\left\{\dfrac{-1}{2(1-\rho^2)}\left[\dfrac{(x-\mu_1)^2}{\sigma_1^2} - 2\rho\dfrac{(x-\mu_1)(y-\mu_2)}{\sigma_1\sigma_2} + \dfrac{(y-\mu_2)^2}{\sigma_2^2}\right]\right\}}{\dfrac{1}{\sqrt{2\pi}\sigma_2}e^{-\frac{(y-\mu_2)^2}{2\sigma_2^2}}}$$

$$= \frac{1}{\sqrt{2\pi}\sigma_1\sqrt{1-\rho^2}}\exp\left\{\frac{-1}{2(1-\rho^2)}\left[\frac{(x-\mu_1)^2}{\sigma_1^2} - 2\rho\frac{(x-\mu_1)(y-\mu_2)}{\sigma_1\sigma_2} + \rho^2\frac{(y-\mu_2)^2}{\sigma_2^2}\right]\right\}$$

$$= \frac{1}{\sqrt{2\pi}\sigma_1\sqrt{1-\rho^2}}\exp\left\{\frac{-1}{2\sigma_1^2(1-\rho^2)}\left[x - \left(\mu_1 + \rho\frac{\sigma_1}{\sigma_2}(y-\mu_2)\right)\right]^2\right\}$$

由此可知给定 $Y = y$ $(y \in \mathbb{R})$ 的条件下，$X \sim N\left(\mu_1 + \rho\dfrac{\sigma_1}{\sigma_2}(y-\mu_2), \sigma_1^2(1-\rho^2)\right)$，利用对称性可得

$$f_{Y|X}(y|x) = \frac{f(x, y)}{f_X(x)}$$

$$= \frac{1}{\sqrt{2\pi}\sigma_2\sqrt{1-\rho^2}}\exp\left\{\frac{-1}{2\sigma_2^2(1-\rho^2)}\left[y - \left(\mu_2 + \rho\frac{\sigma_2}{\sigma_1}(x-\mu_1)\right)\right]^2\right\}$$

由此可知给定 $X = x$ $(x \in \mathbb{R})$ 的条件下，$Y \sim N\left(\mu_2 + \rho\dfrac{\sigma_2}{\sigma_1}(x-\mu_1), \sigma_2^2(1-\rho^2)\right)$．

3.4 随机变量的独立性

对有些二维随机变量，其两个分量的取值相互影响，如人的体重与人的身高有关

系，而对有些二维随机变量，其两个分量的取值互不影响，如人的收入与人的身高．若二维随机变量的两个分量的取值互不影响，此时我们就称两个分量相互独立．那么，如何定义二维随机变量的两个分量相互独立呢？直观地，若 (X, Y) 的两个分量 X 和 Y 相互独立，则 X 和 Y 的取值互不影响，从而对任意两个一维博雷尔点集 A 和 B，有 $\{X \in A\}$ 和 $\{Y \in B\}$ 相互独立．反之，若对任意两个一维博雷尔点集 A 和 B，都有 $\{X \in A\}$ 和 $\{Y \in B\}$ 相互独立，则由 A 和 B 的任意性可知 X 和 Y 的取值互不影响，即 X 和 Y 相互独立．

于是，我们有如下定义．

定义 3.4.1 设 (X, Y) 为定义在概率空间 $(\Omega, \mathcal{F}, P)$ 上的二维随机变量，如果对任意两个一维博雷尔点集 A 和 B，都有 $\{X \in A\}$ 和 $\{Y \in B\}$ 相互独立，即

$$P(X \in A, Y \in B) = P(X \in A) P(Y \in B) \tag{3.25}$$

则称随机变量 X 和 Y 相互独立，简称独立．

关于两个随机变量的相互独立有如下两个等价定理．

定理 3.4.1 设 $F(x, y)$ 及 $F_X(x)$，$F_y(y)$ 分别是二维离散型随机变量 (X, Y) 的分布函数和边缘分布函数，则下面五个命题等价：

(1) X 与 Y 相互独立；

(2) (X, Y) 的所有可能的条件分布律与相应的边缘分布律一致，即在 (X, Y) 的所有可能取值点 (x_i, y_j)，有

$$\left. \begin{array}{l} P(Y = y_j \mid X = x_i) = P(Y = y_j) \\ P(X = x_i \mid Y = y_j) = P(X = x_i) \end{array} \right\} \quad (i, j = 1, 2, \cdots)$$

(3) 在 (X, Y) 的所有可能取值点 (x_i, y_j)，有

$$P(X = x_i, Y = y_j) = P(X = x_i) P(Y = y_j) \quad (i, j = 1, 2, \cdots)$$

(4) 对任意一维博雷尔点集 A 和 B，有

$$P(X \in A, Y \in B) = P(X \in A) P(Y \in B)$$

(5) 对任意实数 x, y，有

$$F(x, y) = F_X(x) F_Y(y)$$

证 (1) $\Leftrightarrow$ (4)：这正是定义 3.4.1 所定义的；

(4) $\Rightarrow$ (5)：对任意的实数 x, y，因为 $(-\infty, x]$ 和 $(-\infty, y]$ 为一维博雷尔点集，故

$$F(x, y) = P(X \leqslant x, Y \leqslant y) = P(X \leqslant x) P(Y \leqslant y) = F_X(x) F_Y(y)$$

(5) $\Rightarrow$ (2)：在 (X, Y) 的所有可能取值点 (x_i, y_j)，有

$$P(Y = y_j \mid X = x_i) = \frac{P(X = x_i, Y = y_j)}{P(X = x_i)}$$

$$= \frac{F(x_i, y_j) - F(x_i^-, y_j) - F(x_i, y_j^-) + F(x_i^-, y_j^-)}{F_X(x_i) - F_X(x_i^-)}$$

$$= \frac{(F_X(x_i) - F_X(x_i^-))(F_Y(y_j) - F_Y(y_j^-))}{F_X(x_i) - F_X(x_i^-)}$$

$$= F_Y(y_j) - F_Y(y_j^-) = P(Y = y_j)$$

同理可证 $P(X = x_i \mid Y = y_j) = P(X = y_j)$

（2）$\Rightarrow$（3）：在 (X, Y) 的所有可能取值点 (x_i, y_j)，有

$$P(X=x_i, Y=y_j) = P(X=x_i) P(Y=y_j|X=x_i) = P(X=x_i) P(Y=y_j)$$

（3）$\Rightarrow$（4）：对任意一维博雷尔点集 A 和 B，有

$$\begin{aligned}
P(X\in A, Y\in B) &= \sum_{x_i\in A}\sum_{y_j\in B} P(X=x_i, Y=y_j)\\
&= \sum_{x_i\in A}\sum_{y_j\in B} P(X=x_i) P(Y=y_j)\\
&= \sum_{x_i\in A} P(X=x_i) \sum_{y_j\in B} P(Y=y_j)\\
&= P(X\in A) P(Y\in B)
\end{aligned}$$

类似地，我们也可以证明二维连续型随机变量 (X, Y) 的如下等价定理：

定理 3.4.2 设 $F(x, y)$ 及 $F_X(x)$，$F_Y(y)$，$f(x, y)$ 及 $f_X(x)$，$f_Y(y)$ 分别是二维连续型随机变量 (X, Y) 的分布函数和分布密度函数，则下面五个命题等价：

（1）X 与 Y 相互独立；

（2）(X, Y) 的所有可能的条件分布密度函数与相应的边缘分布密度函数几乎处处相等，即在 X 的所有可能取值点 x，有

$$f_{Y|X}(y|x) = f_Y(y) \quad \text{（几乎处处相等）}$$

而在 Y 的所有可能取值点 y，有

$$f_{X|Y}(x|y) = f_X(x) \quad \text{（几乎处处相等）}$$

（3）在整个二维平面区域上，有

$$f(x, y) = f_X(x) f_Y(y) \quad \text{（几乎处处相等）}$$

（4）对任意一维博雷尔点集 A 和 B，有

$$P(X\in A, Y\in B) = P(X\in A) P(Y\in B)$$

（5）对于任意二实数 x, y，有

$$F(x, y) = F_X(x) F_Y(y)$$

例 3.4.1 在例 3.1.1 中，随机变量 X 与 Y 是否相互独立？

解 由例 3.1.1 和例 3.2.2 知

$$P(X=1) P(Y=2) = \frac{1}{4}\times\frac{13}{48}\neq 0 = P(X=1, Y=2)$$

故由等价定理 3.4.1 知 X 与 Y 不是相互独立的.

例 3.4.2 在例 3.1.2 中，随机变量 X 与 Y 是否相互独立？

解 在例 3.1.2 中，我们曾求出 X 与 Y 的联合分布密度函数为

$$f(x, y) = \begin{cases} 2\mathrm{e}^{-(2x+y)}, & x>0, y>0 \\ 0, & \text{其他} \end{cases}$$

在例 3.2.3 中又求出了两个边缘分布密度函数为

$$f_X(x) = \begin{cases} 2\mathrm{e}^{-2x}, & x>0 \\ 0, & x\leq 0 \end{cases} \quad \text{和} \quad f_Y(y) = \begin{cases} \mathrm{e}^{-y}, & y>0 \\ 0, & y\leq 0 \end{cases}$$

显然，对所有的 x, y，都有 $f(x, y) = f_X(x) f_Y(y)$，故由等价定理 3.4.2 知 X 与 Y 是相互独立的.

例 3.4.3 讨论例 3.2.4 中二维正态随机变量的两个分量的独立性.

解 例 3.2.4 中定义的二维正态随机变量 (X, Y) 的分布密度函数为

$$f\ (x,\ y)\ =\frac{1}{2\pi\sigma_1\sigma_2\sqrt{1-\rho^2}}\exp\Big\{\frac{-1}{2\ (1-\rho^2)}\Big[\frac{(x-\mu_1)^2}{\sigma_1^2}-$$

$$2\rho\ \frac{(x-\mu_1)\ (y-\mu_2)}{\sigma_1\sigma_2}+\frac{(y-\mu_2)^2}{\sigma_2^2}\Big]\Big\}$$

而由式 (3.19) 和式 (3.20) 知 (X, Y) 的两个边缘分布密度函数的乘积是

$$f_X\ (x)\ f_Y\ (y)\ =\frac{1}{2\pi\sigma_1\sigma_2}\exp\Big\{-\frac{1}{2}\Big[\frac{(x-\mu_1)^2}{\sigma_1^2}+\frac{(y-\mu_2)^2}{\sigma_2^2}\Big]\Big\}$$

比较上述两式可知 $f\ (x,\ y)\ =f_X\ (x)\ f_Y\ (y)$ 的充要条件是 $\rho=0$.

亦即我们证得了结论：对于服从参数为 μ_1, μ_2, σ_1^2, σ_2^2, ρ 的二维正态随机变量 $(X,\ Y)$, X 和 Y 相互独立的充要条件是 $\rho=0$.

对于相互独立的离散型随机变量，利用边缘分布的计算式 (3.15) 和相互独立的等价关系 [即定理 3.4.1 的 (3)] 或

$$p_{ij}=p_{i\cdot}\cdot p_{\cdot j} \tag{3.26}$$

我们还能在联合分布与边缘分布的部分数值已知的情况下，容易地求出其他未知的数值. 如下例.

例 3.4.4 设随机变量 X 与 Y 相互独立，下表列出了 X 与 Y 的联合分布律和边缘分布律的部分数值，试补充表中的缺失数据.

X	Y			$p_{i\cdot}$
	y_1	y_2	y_3	
x_1		$\frac{1}{8}$		
x_2	$\frac{1}{8}$			
$p_{\cdot j}$	$\frac{1}{6}$			1

解 根据公式

$$p_{i\cdot}=p_{i1}+p_{i2}+p_{i3},\ p_{\cdot j}=p_{1j}+p_{2j},\ p_{ij}=p_{i\cdot}\cdot p_{\cdot j}\quad (i=1,\ 2;j=1,\ 2,\ 3)$$

可依次获得

$$p_{11}=\frac{1}{24},\ p_{2\cdot}=\frac{3}{4},\ p_{1\cdot}=\frac{1}{4},\ p_{13}=\frac{1}{12}$$

$$p_{\cdot 2}=\frac{1}{2},\ p_{22}=\frac{3}{8},\ p_{\cdot 3}=\frac{1}{3},\ p_{23}=\frac{1}{4}$$

同时依次填入表格得完整表如下：

X	Y			$p_{i\cdot}$
	y_1	y_2	y_3	
x_1	$\frac{1}{24}$	$\frac{1}{8}$	$\frac{1}{12}$	$\frac{1}{4}$
x_2	$\frac{1}{8}$	$\frac{3}{8}$	$\frac{1}{4}$	$\frac{3}{4}$
$p_{\cdot j}$	$\frac{1}{6}$	$\frac{1}{2}$	$\frac{1}{3}$	1

关于两个随机变量相互独立的概念和等价定理都可以推广到 n（$n > 2$）个随机变量的情形. 例如，n 个随机变量 X_1，X_2，$\cdots$，X_n 相互独立的充要条件是

$$F(x_1, x_2, \cdots, x_n) = F_{X_1}(x_1) F_{X_2}(x_2) \cdots F_{X_n}(x_n) \tag{3.27}$$

n 个离散型随机变量 X_1，X_2，$\cdots$，X_n 相互独立的充要条件是

$$P(X_1 = x_1, X_2 = x_2, \cdots, X_n = x_n) = P(X_1 = x_1) P(X_2 = x_2) \cdots P(X_n = x_n) \tag{3.28}$$

n 个连续型随机变量 X_1，X_2，$\cdots$，X_n 相互独立的充要条件是

$$f(x_1, x_2, \cdots, x_n) = f_{X_1}(x_1) f_{X_2}(x_2) \cdots f_{X_n}(x_n) \text{（几乎处处相等）} \tag{3.29}$$

可以证明，若随机变量 X_1，X_2，$\cdots$，X_n 相互独立，则

（1）其中任意 r（$2 \leqslant r < n$）个随机变量相互独立；

（2）$f_1(X_1)$，$f_2(X_2)$，$\cdots$，$f_n(X_n)$ 相互独立，这里 $f_i(\cdot)$（$i = 1, 2, \cdots, n$）是任意的一元博雷尔函数.

进一步，对一个随机变量序列 $\{X_n\}$，如果其中任意有限个随机变量都是相互独立的，则称该随机序列 $\{X_n\}$ 相互独立.

习题 3

3.1 判断二元函数

$$F(x, y) = \begin{cases} 0, & x + y < 0 \\ 1, & x + y \geqslant 0 \end{cases}$$

是否为某二维随机变量的分布函数？（需给出理由）.

3.2 一批产品中有 a 件正品和 b 件次品，从中任取一件产品（取出的产品不放回），共取 2 次. 设随机变量 X，Y 分别表示第一次与第二次取出的次品数，求 (X, Y) 的分布律及关于 X，Y 的边缘分布律.

3.3 把 3 个球以等概率投入 3 个盒子中，设随机变量 X 与 Y 分别表示投入第一个与第二个盒子中的球数，求 (X, Y) 的分布律及关于 X，Y 的边缘分布律.

3.4 设 (X, Y) 在区域 $D = \left\{ (x, y) \left| \dfrac{x^2}{a^2} + \dfrac{y^2}{b^2} \leqslant 1 \right. \right\}$ 上服从均匀分布，试写出 (X, Y) 的分布密度函数.

3.5 设二维随机变量 (X, Y) 的分布函数为

$$F(x, y) = A\left(B + \arctan \frac{x}{2} \right)\left(C + \arctan \frac{y}{3} \right)$$

求：（1）常数 A，B，C；

（2）(X, Y) 的分布密度函数；

（3）(X, Y) 落在 $D = \{ (x, y) \mid x > 0, y > 0 \}$ 内的概率.

3.6 设二维随机变量 (X, Y) 的分布密度函数为

$$f(x, y) = \begin{cases} A\mathrm{e}^{-(2x+3y)}, & x > 0, y > 0 \\ 0, & \text{其他} \end{cases}$$

求：（1）系数 A；

（2）(X, Y) 的分布函数 $F(x, y)$；

（3）(X, Y) 落在 $D = \{(x, y) \mid x > 0, y > 0, 2x + 3y < 6\}$ 内的概率.

3.7 求 3.5 题中二维随机变量 (X, Y) 的边缘分布函数和边缘分布密度函数.

3.8 求 3.6 题中二维随机变量 (X, Y) 的边缘分布密度函数.

3.9 设二维随机变量 (X, Y) 的分布密度函数为

$$f(x, y) = \frac{1}{2\pi} e^{-\frac{1}{2}(x^2 + y^2)} (1 + \sin xy)$$

求关于 X 和 Y 的边缘分布密度函数.

3.10 求 3.2 题中的随机变量 Y 在 $X = 0$ 及 $X = 1$ 的条件下的条件分布律.

3.11 求 3.3 题中的随机变量 X 在 $Y = 0$ 的条件下的条件分布律和随机变量 Y 在 $X = 1$ 的条件下的条件分布律.

3.12 设 (X, Y) 在 $D = \{(x, y) \mid -y < x < 1 - y, 0 < y < 1\}$ 上服从均匀分布，求：

（1）(X, Y) 的两个边缘分布密度函数；

（2）边缘分布密度函数大于 0 时的条件分布密度函数.

3.13 3.2 题中的随机变量 X 与 Y 是否相互独立？若将抽样方式改为有放回抽样，X 与 Y 是否相互独立？

3.14 下表列出了相互独立随机变量 X 与 Y 的联合分布律及边缘分布律中的部分数值，试将其余数值填入表中空白处.

X	Y				$p_i.$
	1	2	3	4	
1	$\frac{1}{9}$				$\frac{1}{3}$
2			$\frac{1}{8}$		
3					$\frac{1}{6}$
$p._j$		$\frac{1}{6}$			1

3.15 设随机变量 X 与 Y 相互独立，X 在区间 $(0, 2)$ 上服从均匀分布，Y 服从指数分布 $e(2)$，求 (X, Y) 的分布密度函数.

3.16 一电子仪器由两个部件构成，以 X 和 Y 分别表示这两个部件的寿命（单位：kh）. 已知 X 和 Y 的联合分布函数为

$$F(x, y) = \begin{cases} 1 - e^{-0.5x} - e^{-0.5y} + e^{-0.5(x+y)}, & x > 0, y > 0 \\ 0, & \text{其他} \end{cases}$$

问 X 与 Y 是否相互独立？并求两个部件的寿命都超过 0.1kh 的概率.

3.17 （1）若 X 和 Y 的联合分布密度函数为

$$f(x, y) = \begin{cases} 4xy, & 0 \leqslant x, \ y \leqslant 1 \\ 0, & \text{其他} \end{cases}$$

问 X 与 Y 是否相互独立？

（2）若 X 和 Y 的联合分布密度函数为

$$f(x, y) = \begin{cases} 8xy, & 0 \leqslant x \leqslant y, \ 0 \leqslant y \leqslant 1 \\ 0, & \text{其他} \end{cases}$$

问 X 与 Y 是否相互独立？

3.18 若随机变量 X 与 Y 相互独立，且皆以概率 $\frac{1}{2}$ 取值 $+1$ 及 -1，令 $Z = XY$，证明 X，Y，Z 两两独立但不相互独立．

4　随机变量的函数及其数值模拟

在许多实际问题中，我们常对某些随机变量的函数更感兴趣．例如，在一些试验中，所关心的随机变量往往不能由直接测量得到，而是某个能直接测量的随机变量的函数．譬如，我们能测量圆轴截面的直径 d，而关心的却是截面面积

$$A = \frac{1}{4}\pi d^2$$

这里，随机变量 A 是随机变量 d 的函数．

这一章我们将讨论如何由一维（或多维）随机变量的概率分布去求它的函数的概率分布．同时介绍随机变量函数在随机变量数值模拟方面的一些应用．

4.1　一维随机变量的函数的概率分布

在本节，我们首先给出一维（或多维）随机变量的函数的严格定义，然后讨论如何由一维随机变量的概率分布去求它的函数的概率分布．

4.1.1　博雷尔函数与随机变量的函数

定义 4.1.1　设 $y = g(x)$ 是 $\mathbb{R}^1$ 到 $\mathbb{R}^1$ 上的函数，若对于一切 $\mathbb{R}^1$ 中的博雷尔点集 B_1，都有

$$g^{-1}(B_1) = \{x \mid g(x) \in B_1\} \in \mathcal{B}_1 \tag{4.1}$$

其中 $\mathcal{B}_1$ 为 $\mathbb{R}^1$ 上的博雷尔 σ-代数，则称 $y = g(x)$ 是一元博雷尔函数．

博雷尔函数是很广泛的一类函数，我们所碰到的大部分函数都是博雷尔函数，特别地，连续函数和单调函数都是博雷尔函数．

若 X 是概率空间 $(\Omega, \mathcal{F}, P)$ 上的随机变量，而 $y = g(x)$ 是一元博雷尔函数，则 $Y = g(X)$ 也是 $(\Omega, \mathcal{F}, P)$ 上的随机变量．事实上，对一切 $B_1 \in \mathcal{B}_1$，有

$$\{\omega \mid g(X) \in B_1\} = \{\omega \mid X \in g^{-1}(B_1)\} \in \mathcal{F} \tag{4.2}$$

这里 $g^{-1}(B_1) = \{x \mid g(x) \in B_1\}$，由式（4.1）知它是一维博雷尔点集，再由随机变量的定义可得式（4.2）．

有时，还需要考虑多维随机变量的函数，例如 $Y = X_1 + X_2$ 就是二维随机变量 (X_1, X_2) 的函数．一般地，要研究 $Y = g(X_1, \cdots, X_n)$ 及其概率分布，这时也需要对 n 元函数 $y = g(x_1, \cdots, x_n)$ 有相应的要求．

定义 4.1.2　设 $y = g(x_1, \cdots, x_n)$ 是 $\mathbb{R}^n$ 到 $\mathbb{R}^1$ 上的一个函数，若对于一切 $\mathbb{R}^1$ 中的博雷尔点集 B_1，都有

$$\{(x_1, \cdots, x_n) \mid g(x_1, \cdots, x_n) \in B_1\} \in \mathcal{B}_n \tag{4.3}$$

其中 $\mathcal{B}_n$ 为 $\mathbb{R}^n$ 上的博雷尔 σ-代数，则称 $y = g(x_1, \cdots, x_n)$ 是 n 元博雷尔函数．

若 $(X_1, \cdots, X_n)$ 是概率空间 $(\Omega, \mathcal{F}, P)$ 上的 n 维随机变量，而 $y = g(x_1, \cdots, x_n)$ 是 n 元博雷尔函数，则 $Y = g(X_1, \cdots, X_n)$ 是 $(\Omega, \mathcal{F}, P)$ 上的随机变量.

这个事实的证明如下：

$$\{\omega \mid g(X_1, \cdots, X_n) \in B_1\} = \{\omega \mid (X_1, \cdots, X_n) \in g^{-1}(B_1)\} \in \mathcal{F} \quad (4.4)$$

这里 $g^{-1}(B_1) = \{(x_1, \cdots, x_n) \mid g(x_1, \cdots, x_n) \in B_1\}$，由式（4.3）知它是 n 维博雷尔点集，再由 n 维随机变量的定义可得式（4.4）.

更一般地，还可以研究 n 维随机变量 $(X_1, \cdots, X_n)$ 的 m 个函数 $g_1(X_1, \cdots, X_n), \cdots, g_m(X_1, \cdots, X_n)$，这里 $g_1(\cdot), \cdots, g_m(\cdot)$ 都是 n 元博雷尔函数，这是一个 m 维随机变量，需要求出它们的概率分布.

4.1.2　一维随机变量的函数的概率分布

由 4.1.1 知，若 X 是概率分布已知的随机变量，而 $y = g(x)$ 是一元博雷尔函数，那么由 $Y = g(X)$ 定义的 Y 也是一个随机变量. 很自然地提出问题：如何由 X 的概率分布求 $Y = g(X)$ 的概率分布？按定义，$Y = g(X)$ 的分布函数应为

$$F_Y(y) = P(Y \leqslant y) = P(g(X) \leqslant y) \quad (4.5)$$

进一步，若 X 是离散型随机变量，其分布律为

$$P(X = x_i) = p_i, (i = 1, 2, \cdots)$$

则 Y 也是离散型随机变量，其分布律为

$$P(Y = y_j) = P(g(X) = y_j) = \sum_{g(x_i) = y_j} p_i, (j = 1, 2, \cdots) \quad (4.6)$$

由 2.2 节知，一旦得到了 Y 的分布律，通过求和可得 Y 的分布函数以及概率分布.

下面我们就依据式（4.6），讨论如何由已知的离散型随机变量 X 的分布律去求它的函数 $Y = g(X)$ 的分布律.

例 4.1.1　设随机变量 X 的分布律为

$$X \sim \begin{bmatrix} -2 & -1 & 0 & 1 & 2 & 3 \\ 0.1 & 0.2 & 0.2 & 0.1 & 0.1 & 0.3 \end{bmatrix}$$

求随机变量 X 的函数 $X - 1$，$-2X$ 及 X^2 的分布律.

解　由 X 的分布律可列对应表如下：

p_k	0.1	0.2	0.2	0.1	0.1	0.3
X	-2	-1	0	1	2	3
$X-1$	-3	-2	-1	0	1	2
$-2X$	4	2	0	-2	-4	-6
X^2	4	1	0	1	4	9

该表既反映了 $X - 1$，$-2X$ 及 X^2 的所有可能取值，又反映了它们取各种可能值的概率. 如：

$$P(X - 1 = -2) = P(X = -1) = 0.2$$

$$P(X^2 = 1) = P(X = -1) + P(X = 1) = 0.2 + 0.1 = 0.3$$

现在只要将 $X - 1$，$-2X$ 及 X^2 按照它们各自的所有可能取值依一定顺序（如从小到大）

重新排列，合并其取相同值的概率即可得到这三个函数的分布律：

$$X - 1 \sim \begin{bmatrix} -3 & -3 & -1 & 0 & 1 & 2 \\ 0.1 & 0.2 & 0.2 & 0.1 & 0.1 & 0.3 \end{bmatrix}$$

$$-2X \sim \begin{bmatrix} -6 & -4 & -2 & 0 & 2 & 4 \\ 0.3 & 0.1 & 0.1 & 0.2 & 0.2 & 0.1 \end{bmatrix}$$

$$X^2 \sim \begin{bmatrix} 0 & 1 & 4 & 9 \\ 0.2 & 0.3 & 0.2 & 0.3 \end{bmatrix}$$

例 4.1.2 设随机变量 X 的分布律为

$$P(X = k) = \frac{1}{2^k}, \ k = 1, \ 2, \ \cdots$$

求随机变量 X 的函数 $Y = \sin\left(\frac{\pi}{2}X\right)$ 的分布律.

解 随机变量 $Y = \sin\left(\frac{\pi}{2}X\right)$ 的可能取值为 -1, 0, 1. 取各可能值的概率分别为

$$P(Y = -1) = \sum_{k=1}^{\infty} P(X = 4k - 1) = \sum_{k=1}^{\infty} \frac{1}{2^{4k-1}} = \frac{2}{15}$$

$$P(Y = 0) = \sum_{k=1}^{\infty} P(X = 2k) = \sum_{k=1}^{\infty} \frac{1}{2^{2k}} = \frac{1}{3}$$

$$P(Y = 1) = \sum_{k=1}^{\infty} P(X = 4k - 3) = \sum_{k=1}^{\infty} \frac{1}{2^{4k-3}} = \frac{8}{15}$$

于是随机变量 Y 的分布律为

$$Y = \sin\left(\frac{\pi}{2}X\right) \sim \begin{bmatrix} -1 & 0 & 1 \\ \dfrac{2}{15} & \dfrac{1}{3} & \dfrac{8}{15} \end{bmatrix}$$

下面，我们通过一个具体例子给出由随机变量 X 的分布密度函数求其函数的分布密度函数的一般步骤.

例 4.1.3 设随机变量 $X \sim N(0, 1)$，求 $Y = X^2$ 的分布密度函数 $f_Y(y)$.

解 由于 $Y = X^2 \geqslant 0$，所以当 $y < 0$ 时，$f_Y(y) = 0$；而当 $y > 0$ 时，

$$F_Y(y) = P(X^2 \leqslant y) = P(-\sqrt{y} \leqslant X \leqslant \sqrt{y})$$

$$= \int_{-\sqrt{y}}^{\sqrt{y}} \frac{1}{\sqrt{2\pi}} e^{-\frac{x^2}{2}} dx = \int_0^{\sqrt{y}} \frac{2}{\sqrt{2\pi}} e^{-\frac{x^2}{2}} dx$$

对 $F_Y(y)$ 求导即知此时 $Y = X^2$ 的分布密度函数为

$$f_Y(y) = \frac{d}{dy} F_Y(y) = \frac{1}{\sqrt{2\pi y}} e^{-\frac{y}{2}}$$

由于 $F_Y(y)$ 在 $y = 0$ 处不可导，故需在 $y = 0$ 处规定 $f_Y(y)$ 的值. 如规定 $f_Y(0) = 0$ 或其他的任意非负实数.

综上所述，$Y = X^2$ 的分布密度函数为

$$f_Y(y) = \begin{cases} \dfrac{1}{\sqrt{2\pi y}} e^{-\frac{y}{2}}, & y > 0 \\ 0, & y \leqslant 0 \end{cases}$$

一般地，在已知随机变量 X 的分布密度函数 $f_X(x)$ 时，我们求随机变量 X 的函数 $Y = g(X)$ 的分布密度函数 $f_Y(y)$ 的一般步骤为：

（1）根据 X 的分布密度函数 $f_X(x)$ 计算出 $Y = g(X)$ 的分布函数

$$F_Y(y) = P(g(X) \leqslant y) = \int_{\{x|g(x)\leqslant y\}} f_X(x)\,\mathrm{d}x \qquad (4.7)$$

（2）对 $F_Y(y)$ 求导（可求导时）即得 $Y = g(X)$ 的分布密度函数

$$f_Y(y) = \frac{\mathrm{d}}{\mathrm{d}y} F_Y(y)$$

需要特别指出，当函数 $y = g(x)$ 比较复杂时，通过式（4.7）求 Y 的分布函数 $F_Y(y)$ 往往比较困难，这是因为式（4.7）中积分计算的难易既与被积函数即 X 的分布密度函数 $f_X(x)$ 的表达式有关，更与积分区域 $\{x \mid g(x) \leqslant y\}$ 的形状有关. 但是，对一些简单的函数 $y = g(x)$，通过上述步骤求 $Y = g(X)$ 的分布密度函数 $f_Y(y)$ 是可行的. 另外，对 $F_Y(y)$ 的不可导点，需要规定 $f_Y(y)$ 的值.

按上述步骤可证明以下定理.

定理 4.1.1 若 X 服从正态分布 $N(\mu, \sigma^2)$，则 $Y = aX + b \ (a \neq 0)$ 也服从正态分布 $N(a\mu + b, a^2\sigma^2)$，即 $Y = aX + b$ 服从参数为 $a\mu + b$ 和 $|a|\sigma$ 的正态分布.

证 设 Y 的分布函数为 $F_Y(y)$，当 $a > 0$ 时，有

$$F_Y(y) = P(aX + b \leqslant y) = P\left(X \leqslant \frac{y-b}{a}\right) = \frac{1}{\sqrt{2\pi}\sigma} \int_{-\infty}^{\frac{y-b}{a}} \mathrm{e}^{-\frac{(x-\mu)^2}{2\sigma^2}}\,\mathrm{d}x$$

求导即知 Y 的分布密度函数为

$$f_Y(y) = \frac{\mathrm{d}}{\mathrm{d}y} F_Y(y) = \frac{1}{\sqrt{2\pi}a\sigma} \mathrm{e}^{-\frac{[y-(a\mu+b)]^2}{2(a\sigma)^2}}, \quad y \in (-\infty, +\infty)$$

而当 $a < 0$ 时，有

$$\begin{aligned}
F_Y(y) &= P(aX + b \leqslant y) = P\left(X \geqslant \frac{y-b}{a}\right) \\
&= 1 - P\left(X \leqslant \frac{y-b}{a}\right) \\
&= 1 - \frac{1}{\sqrt{2\pi}\sigma} \int_{-\infty}^{\frac{y-b}{a}} \mathrm{e}^{-\frac{(x-\mu)^2}{2\sigma^2}}\,\mathrm{d}x
\end{aligned}$$

求导可得 Y 的分布密度函数为

$$f_Y(y) = \frac{\mathrm{d}}{\mathrm{d}y} F_Y(y) = \frac{1}{\sqrt{2\pi}(-a)\sigma} \mathrm{e}^{-\frac{[y-(a\mu+b)]^2}{2(a\sigma)^2}}, \quad y \in (-\infty, +\infty)$$

综上所述，Y 的分布密度函数为

$$f_Y(y) = \frac{\mathrm{d}}{\mathrm{d}y} F_Y(y) = \frac{1}{\sqrt{2\pi}|a|\sigma} \mathrm{e}^{-\frac{[y-(a\mu+b)]^2}{2(|a|\sigma)^2}}, \quad y \in (-\infty, +\infty)$$

亦即 $Y = aX + b$ 服从正态分布 $N(a\mu + b, a^2\sigma^2)$.

在定理 4.1.1 中令 $a = \frac{1}{\sigma}$，$b = -\frac{\mu}{\sigma}$，则立即可得下面的定理.

定理 4.1.2 若 X 服从正态分布 $N(\mu, \sigma^2)$，则

$$Y = \frac{X - \mu}{\sigma} \sim N(0, 1)$$

例 4.1.4 设 $X \sim N(0, 1)$，求 $Y = -X$ 的分布.

解 在定理 4.1.1 中取 $\mu = 0$，$\sigma = 1$，$a = -1$，$b = 0$ 即得 $Y = -X \sim N(0, 1)$，即 Y 与 X 服从相同的分布，即 Y 与 X 同分布，但

$$P(X = Y) = P(X = -X) = P(2X = 0) = P(X = 0) = 0$$

亦即 $P(X \neq Y) = 1$. 本例表明，"随机变量相等" 和 "随机变量的分布相同" 是完全不同的两个概念.

按照上述求随机变量的函数的分布密度函数的步骤也可以证明下面的定理.

定理 4.1.3 设 X 是以 $f_X(x)$ 为分布密度函数的连续型随机变量，其所有可能取值构成区间 I，函数 $y = g(x)$ 在区间 I 上严格单调且可微，$g(I)$ 为相应的值域，则函数 $Y = g(X)$ 也是一个连续型随机变量且分布密度函数为

$$f_Y(y) = \begin{cases} f_X(g^{-1}(y)) \left| \dfrac{\mathrm{d}}{\mathrm{d}y} g^{-1}(y) \right|, & y \in g(I) \\ 0, & y \notin g(I) \end{cases}$$

其中 $x = g^{-1}(y)$ 是 $y = g(x)$ 的反函数.

例 4.1.5 设 $X \sim N(\mu, \sigma^2)$，求 $Y = e^X$ 的分布密度函数.

解 显然 $y = g(x) = e^x$ 在区间 $I = (-\infty, +\infty)$ 上严格单调并且可微，其反函数为

$$x = g^{-1}(y) = \ln y, \quad y \in g(I) = (0, +\infty)$$

故由定理 4.1.3 得 $Y = e^X$ 的分布密度函数为

$$f_Y(y) = \begin{cases} f_X(g^{-1}(y)) \left| \dfrac{\mathrm{d}}{\mathrm{d}y} g^{-1}(y) \right|, & y \in g(I) \\ 0, & y \notin g(I) \end{cases}$$

$$= \begin{cases} \dfrac{1}{\sqrt{2\pi}\,\sigma y} e^{-\frac{(\ln y - \mu)^2}{2\sigma^2}}, & y > 0 \\ 0, & y \leq 0 \end{cases}$$

由于 Y 的对数（即 $\ln Y = X$）服从正态分布，故称 Y 所服从的分布为对数正态分布. 对数正态随机变量取非负值，又能通过正态分布进行概率计算，很适合做某些随机现象的数学模型. 金融学用对数正态分布取代正态分布作为资产价格分布建立起了十分漂亮而合理的理论. 另外，绝缘材料的寿命、设备的维修时间、一个家庭中两个小孩出生的时间间隔等服从对数正态分布.

下面通过一个例题说明如何求连续型随机变量的函数的分布律.

例 4.1.6 已知随机变量 X 的分布密度函数为

$$f_X(x) = \frac{2}{\pi[e^x + e^{-x}]}, \quad -\infty < x < +\infty,$$

设

$$g(x) = \begin{cases} -1, & x < 0 \\ 1 & x \geq 0 \end{cases}$$

求 $Y = g(X)$ 的分布律.

解 由 $f_X(x)$ 的对称性可得

$$P(Y=-1) = P(g(X)=-1) = P(X<0) = 0.5$$
$$P(Y=1) = P(g(X)=1) = P(X \geqslant 0) = 0.5$$

故 Y 的分布律为

$$Y \sim \begin{bmatrix} -1 & 1 \\ 0.5 & 0.5 \end{bmatrix}$$

进而可得 Y 的分布函数为

$$F_Y(y) = \begin{cases} 0, & y < -1 \\ 0.5, & -1 \leqslant y < 1 \\ 1, & y \geqslant 1 \end{cases}$$

4.2 二维随机变量的函数的概率分布

设 (X, Y) 是定义在概率空间 $(\Omega, \mathcal{F}, P)$ 上的二维随机变量，且概率分布已知，而 $z = g(x, y)$ 是二元博雷尔函数，那么

$$Z = g(X, Y)$$

是定义在 $(\Omega, \mathcal{F}, P)$ 上的一维随机变量. 按定义，随机变量 $Z = g(X, Y)$ 的分布函数应为

$$F_Z(z) = P(Z \leqslant z) = P(g(X, Y) \leqslant z) \tag{4.8}$$

若 (X, Y) 是二维离散型随机变量，其分布律为

$$P(X = x_i, Y = y_j) = p_{ij}, (i, j = 1, 2, \cdots)$$

则 Z 也是离散型随机变量，其分布律为

$$P(Z = z_k) = P(g(X, Y) = z_k) = \sum_{g(x_i, y_j) = z_k} p_{ij}, (k = 1, 2, \cdots) \tag{4.9}$$

本节将依据式（4.9），讨论如何由二维离散型随机变量 (X, Y) 的分布律去求它的函数 $Z = g(X, Y)$ 的分布律.

例 4.2.1 设二维离散型随机变量 (X, Y) 的分布律为

X	Y		
	-1	0	1
0	0.1	0.2	0.2
1	0.1	0.1	0.3

求 $X+Y$，$\max(X, Y)$ 及 $\min(X, Y)$ 的分布律.

解 由 (X, Y) 的分布律可列对应表如下：

p_{ij}	0.1	0.2	0.2	0.1	0.1	0.3
(X, Y)	$(0, -1)$	$(0, 0)$	$(0, 1)$	$(1, -1)$	$(1, 0)$	$(1, 1)$
$X+Y$	-1	0	1	0	1	2
$\max(X, Y)$	0	0	1	1	1	1
$\min(X, Y)$	-1	0	0	-1	0	1

该表既反映了 $X+Y$, $\max(X, Y)$ 及 $\min(X, Y)$ 的所有可能取值，又反映了它们取各种可能值的概率．如：

$$P(X+Y=-1) = P(X=0, Y=-1) = 0.1$$
$$P(\max(X, Y)=0) = P(X=0, Y=-1) + P(X=0, Y=0)$$
$$= 0.1 + 0.2 = 0.3$$

将 $X+Y$, $\max(X, Y)$ 及 $\min(X, Y)$ 按照它们各自的所有可能取值依一定顺序（如从小到大）重新排列，合并其取相同值的概率即得这三个函数的分布律：

$$X+Y \sim \begin{bmatrix} -1 & 0 & 1 & 2 \\ 0.1 & 0.3 & 0.3 & 0.3 \end{bmatrix}$$

$$\max(X, Y) \sim \begin{bmatrix} 0 & 1 \\ 0.3 & 0.7 \end{bmatrix}$$

$$\min(X, Y) \sim \begin{bmatrix} -1 & 0 & 1 \\ 0.2 & 0.5 & 0.3 \end{bmatrix}$$

例 4.2.2（泊松分布的可加性） 设 $X \sim P(\lambda_1)$, $Y \sim P(\lambda_2)$, 且 X 与 Y 相互独立，则 $Z = X+Y \sim P(\lambda_1 + \lambda_2)$.

证 因为 Z 的所有可能取值为 $0, 1, 2, \cdots$, 且

$$P(Z=k) = P(X+Y=k) = P(\bigcup_{i=0}^{k}\{X=i\}\cap\{Y=k-i\})$$

$$= \sum_{i=0}^{k} P(X=i, Y=k-i) = \sum_{i=0}^{k} P(X=i)P(Y=k-i)$$

$$= \sum_{i=0}^{k} \frac{\lambda_1^i}{i!}e^{-\lambda_1} \frac{\lambda_2^{(k-i)}}{(k-i)!}e^{-\lambda_2} = \frac{e^{-(\lambda_1+\lambda_2)}}{k} \sum_{i=0}^{k} \frac{k}{i!(k-i)!}\lambda_1^i \lambda_2^{(k-i)}$$

$$= \sum_{i=0}^{k} C_k^i \lambda_1^i \lambda_2^{(k-i)} = \frac{e^{-(\lambda_1+\lambda_2)}}{k}(\lambda_1+\lambda_2)^k$$

故 $Z = X+Y \sim P(\lambda_1+\lambda_2)$.

类似于 4.1 节中定理 4.1.3，可以推导一个求由二维连续型随机变量的两个函数组成的二维连续型随机变量的分布密度函数的公式．

设二维连续型随机变量 (X, Y) 的分布密度函数为 $f(x, y)$, U, V 都是 (X, Y) 的函数：

$$U = g_1(X, Y), \quad V = g_2(X, Y) \tag{4.10}$$

求 (U, V) 的分布密度函数 $f_{(U,V)}(u, v)$. 在此，我们需要假定式（4.10）是 (X, Y) 到 (U, V) 的一一对应变换，因而有逆变换

$$X = h_1(U, V), \quad Y = h_2(U, V) \tag{4.11}$$

又假定 g_1, g_2 都有一阶连续的偏导数．这时，逆变换式（4.11）中的函数 h_1, h_2 也有一阶连续的偏导数，且在一一对应变换的假定下，雅克比行列式

$$J(u, v) = \begin{vmatrix} \dfrac{\partial h_1}{\partial u} & \dfrac{\partial h_1}{\partial v} \\ \dfrac{\partial h_2}{\partial u} & \dfrac{\partial h_2}{\partial v} \end{vmatrix} \tag{4.12}$$

不为 0.

在 uOv 平面上任取一个区域 G，则在变换式（4.11）之下，这个区域变到 xOy 平面上的区域 D. 也就是说，事件$\{(U, V) \in G\}$等于事件$\{(X, Y) \in D\}$，从而有

$$P((U,V) \in G) = P((X,Y) \in D) = \iint\limits_{D} f(x,y)\,\mathrm{d}x\mathrm{d}y$$

使用重积分的变量代换公式，在变换式（4.11）之下，上式最右端的重积分变换为

$$P((U,V) \in G) = \iint\limits_{G} f(h_1(u,v), h_2(u,v)) \,|J(u,v)|\,\mathrm{d}u\mathrm{d}v$$

由于上式对 uOv 平面上任意区域 G 都成立，故 (U, V) 的分布密度函数为

$$f_{(U,V)}(u, v) = f(h_1(u, v), h_2(u, v)) \,|J(u, v)| \tag{4.13}$$

以上结论可完全平行地推广到 n 个随机变量的情形. 设 $(X_1, \cdots, X_n)$ 有分布密度函数 $f(x_1, \cdots, x_n)$，而

$$Y_i = g_i(X_1, \cdots, X_n) \quad (i = 1, \cdots, n)$$

构成 $(X_1, \cdots, X_n)$ 到 $(Y_1, \cdots, Y_n)$ 的一一对应变换，其逆变换为

$$X_i = h_i(Y_1, \cdots, Y_n) \quad (i = 1, \cdots, n)$$

此变换的雅克比行列式为

$$J(y_1, \cdots, y_n) = \begin{vmatrix} \dfrac{\partial h_1}{\partial y_1} & \cdots & \dfrac{\partial h_1}{\partial y_n} \\ \vdots & \ddots & \vdots \\ \dfrac{\partial h_n}{\partial y_1} & \cdots & \dfrac{\partial h_n}{\partial y_n} \end{vmatrix}$$

则 $(Y_1, \cdots, Y_n)$ 的分布密度函数为

$$f_{(Y_1, \cdots, Y_n)}(y_1, \cdots, y_n)$$
$$= f(h_1(y_1, \cdots, y_n), \cdots, h_n(y_1, \cdots, y_n)) \,|J(y_1, \cdots, y_n)| \tag{4.14}$$

例 4.2.3 设随机变量 X 和 Y 均服从正态分布 $N(\mu, \sigma^2)$ 且相互独立，$U = X + Y$，$V = X - Y$，（1）求 (U, V) 的分布密度函数；（2）判断 U 与 V 是否独立？

解 此题中的变换为

$$u = x + y, \ v = x - y$$

其逆变换为

$$x = \frac{u + v}{2}, \ y = \frac{u - v}{2}$$

雅克比行列式为

$$J(u, v) = \begin{vmatrix} \dfrac{1}{2} & \dfrac{1}{2} \\ \dfrac{1}{2} & -\dfrac{1}{2} \end{vmatrix} = -\frac{1}{2}$$

利用式（4.13）可得 (U, V) 的分布密度函数为

$$f_{(U,V)}(u, v) = f\left(\frac{u+v}{2}, \frac{u-v}{2}\right) \left|-\frac{1}{2}\right| = \frac{1}{2} f_X\left(\frac{u+v}{2}\right) f_Y\left(\frac{u-v}{2}\right)$$

$$= \frac{1}{4\pi\sigma^2} \mathrm{e}^{-\frac{\left(\frac{u+v}{2} - \mu\right)^2}{2\sigma^2}} \mathrm{e}^{-\frac{\left(\frac{u-v}{2} - \mu\right)^2}{2\sigma^2}}$$

$$= \frac{1}{4\pi\sigma^2} e^{-\frac{1}{4\sigma^2}\left[(u-2\mu)^2 + v^2\right]}$$

由此可知，$(U, V) \sim N(2\mu, 0, 2\sigma^2, 2\sigma^2, 0)$.

（2）由于 $\rho = 0$，故 U 与 V 相互独立，且 $U \sim N(2\mu, 2\sigma^2)$，$V \sim N(0, 2\sigma^2)$.

在有些实际问题中，只需求一个函数 $U = g(X, Y)$ 的分布密度函数. 一个办法是配上另一个函数 $V = g(X, Y)$，使 (X, Y) 到 (U, V) 构成一一对应变换；然后按式（4.13）求出 (U, V) 的分布密度函数 $f_{(U,V)}(u, v)$；最后，U 的分布密度函数由公式 $f_U(u) = \int_{-\infty}^{+\infty} f_{(U,V)}(u, v) \mathrm{d}v$ 得到. 另一个方法是对任何实数 u，找出事件 $\{U \leqslant u\}$ 在 xOy 平面上对应的区域 $G_u = \{(x, y) \mid g(x, y) \leqslant u\}$. 然后由 $P(U \leqslant u) = \iint\limits_{G_u} f(x, y) \mathrm{d}x\mathrm{d}y$ 求出 U 的分布函数，再通过求导即得 U 的分布密度函数.

下面就二维连续型随机变量，讨论四种典型函数的分布.

1）和的分布

设二维连续型随机变量 (X, Y) 的分布密度函数为 $f(x, y)$，我们来求两个随机变量的和 $Z = X + Y$ 的分布密度函数.

由假设，二维随机变量 (X, Y) 的分布密度函数为 $f(x, y)$，所以，两个随机变量的和 $Z = X + Y$ 的分布函数为（图 4.1）

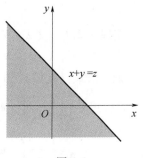

图 4.1

$$F_Z(z) = P(X + Y \leqslant z) = \iint\limits_{x+y \leqslant z} f(x, y) \mathrm{d}x\mathrm{d}y$$

$$= \int_{-\infty}^{+\infty} \left[\int_{-\infty}^{z-x} f(x, y) \mathrm{d}y\right] \mathrm{d}x$$

$$\underline{\underline{y = t - x}} \int_{-\infty}^{+\infty} \left[\int_{-\infty}^{z} f(x, t - x) \mathrm{d}t\right] \mathrm{d}x$$

$$= \int_{-\infty}^{z} \left[\int_{-\infty}^{+\infty} f(x, t - x) \mathrm{d}x\right] \mathrm{d}t$$

由此可知 $Z = X + Y$ 的分布密度函数可写为

$$f_Z(z) = \int_{-\infty}^{+\infty} f(x, z - x) \mathrm{d}x \tag{4.15}$$

由 X，Y 的对等性知 $Z = X + Y$ 的分布密度函数又可写成

$$f_Z(z) = \int_{-\infty}^{+\infty} f(z - y, y) \mathrm{d}y \tag{4.16}$$

特别地，当 X 与 Y 相互独立时，上两式可写成

$$f_Z(z) = \int_{-\infty}^{+\infty} f_X(x) f_Y(z - x) \mathrm{d}x \tag{4.17}$$

$$f_Z(z) = \int_{-\infty}^{+\infty} f_X(z - y) f_Y(y) \mathrm{d}y \tag{4.18}$$

其中 $f_X(x)$ 与 $f_Y(y)$ 分别为 (X, Y) 关于 X 和 Y 的边缘分布密度函数. 式（4.17）和式（4.18）称为卷积公式.

例 4.2.4 设随机变量 X 与 Y 相互独立，分布密度函数分别为

$$f_X(x) = \begin{cases} 1, & 0 < x < 1 \\ 0, & \text{其他} \end{cases} \quad \text{和} \quad f_Y(y) = \begin{cases} 2y, & 0 < y < 1 \\ 0, & \text{其他} \end{cases}$$

求 $Z = X + Y$ 的分布密度函数.

解 由式（4.17）知 $Z = X + Y$ 的分布密度函数为

$$f_Z(z) = \int_{-\infty}^{+\infty} f_X(x) f_Y(z - x) \, dx = \int_0^1 f_Y(z - x) \, dx$$

$$\underline{\underline{z - x = t}} - \int_z^{z-1} f_Y(t) \, dt = \int_{z-1}^z f_Y(t) \, dt$$

$$= \begin{cases} \int_0^z 2t \, dt, & 0 < z \le 1 \\ \int_{z-1}^1 2t \, dt, & 1 < z \le 2 \\ 0, & \text{其他} \end{cases} = \begin{cases} z^2, & 0 < z \le 1 \\ 2z - z^2, & 1 < z \le 2 \\ 0, & \text{其他} \end{cases}$$

定理 4.2.1 设 $X \sim N(\mu_1, \sigma_1^2)$，$Y \sim N(\mu_2, \sigma_2^2)$ 且相互独立，则 $Z = X + Y$ 亦服从正态分布，且 $X + Y \sim N(\mu_1 + \mu_2, \sigma_1^2 + \sigma_2^2)$.

证 由式（4.17）知，$Z = X + Y$ 的分布密度函数为

$$f_Z(z) = \frac{1}{2\pi\sigma_1\sigma_2} \int_{-\infty}^{+\infty} \exp\left[-\frac{(x - \mu_1)^2}{2\sigma_1^2} - \frac{(z - x - \mu_2)^2}{2\sigma_2^2} \right] dx$$

$$= \frac{1}{2\pi\sigma_1\sigma_2} \int_{-\infty}^{+\infty} \exp\left[-\frac{(z - \mu_1 - \mu_2)^2}{2(\sigma_1^2 + \sigma_2^2)} - \frac{\sigma_1^2 + \sigma_2^2}{2\sigma_1^2\sigma_2^2}\left(x - \frac{z\sigma_1^2 - \mu_2\sigma_1^2 + \mu_1\sigma_2^2}{\sigma_1^2 + \sigma_2^2} \right) \right] dx$$

在上式作变量替换

$$x - \frac{z\sigma_1^2 - \mu_2\sigma_1^2 + \mu_1\sigma_2^2}{\sigma_1^2 + \sigma_2^2} = \frac{\sigma_1\sigma_2}{\sqrt{\sigma_1^2 + \sigma_2^2}} t$$

有

$$f_Z(z) = \frac{1}{\sqrt{2\pi}\sqrt{\sigma_1^2 + \sigma_2^2}} e^{-\frac{(z - \mu_1 - \mu_2)^2}{2(\sigma_1^2 + \sigma_2^2)}} \int_{-\infty}^{+\infty} \frac{1}{\sqrt{2\pi}} e^{-\frac{t^2}{2}} dt$$

$$= \frac{1}{\sqrt{2\pi}\sqrt{\sigma_1^2 + \sigma_2^2}} e^{-\frac{(z - \mu_1 - \mu_2)^2}{2(\sigma_1^2 + \sigma_2^2)}}$$

即 $Z = X + Y$ 服从 $N(\mu_1 + \mu_2, \sigma_1^2 + \sigma_2^2)$.

利用定理 4.2.1 和定理 4.1.1，不难得到更一般的结论.

定理 4.2.2（独立正态分布的线性组合定理） 设随机变量 X_1，X_2，$\cdots$，X_n 相互独立，且分别服从正态分布 $X_i \sim N(\mu_i, \sigma_i^2)$（$i = 1, 2, \cdots, n$），则它们的线性组合 $C_0 + \sum_{i=1}^n C_i X_i$ 亦服从正态分布，且

$$C_0 + \sum_{i=1}^n C_i X_i \sim N\left(C_0 + \sum_{i=1}^n C_i \mu_i, \sum_{i=1}^n C_i^2 \sigma_i^2 \right)$$

其中 C_0，C_1，C_2，$\cdots$，C_n 为任意常数，且 C_1，C_2，$\cdots$，C_n 不全为零.

2）积与商的分布

设二维连续型随机变量 (X, Y) 的分布密度函数为 $f(x, y)$，则两个随机变量之

积 $Z=XY$ 的分布函数为

$$
\begin{aligned}
F_Z(z) &= P(XY \leqslant z) = \iint\limits_{xy \leqslant z} f(x,y)\mathrm{d}x\mathrm{d}y \\
&= \iint\limits_{y \leqslant \frac{z}{x},x>0} f(x,y)\mathrm{d}x\mathrm{d}y + \iint\limits_{y \geqslant \frac{z}{x},x<0} f(x,y)\mathrm{d}x\mathrm{d}y \\
&= \int_0^{+\infty} \left[\int_{-\infty}^{\frac{z}{x}} f(x,y)\mathrm{d}y\right]\mathrm{d}x + \int_{-\infty}^0 \left[\int_{\frac{z}{x}}^{+\infty} f(x,y)\mathrm{d}y\right]\mathrm{d}x \\
&\xlongequal{y=\frac{t}{x}} \int_0^{+\infty}\left[\int_{-\infty}^z f\left(x,\frac{t}{x}\right)\frac{1}{x}\mathrm{d}t\right]\mathrm{d}x + \int_{-\infty}^0\left[\int_z^{-\infty} f\left(x,\frac{t}{x}\right)\frac{1}{x}\mathrm{d}t\right]\mathrm{d}x \\
&= \int_0^{+\infty}\left[\int_{-\infty}^z f\left(x,\frac{t}{x}\right)\frac{1}{x}\mathrm{d}t\right]\mathrm{d}x - \int_{-\infty}^0\left[\int_{-\infty}^z f\left(x,\frac{t}{x}\right)\frac{1}{x}\mathrm{d}t\right]\mathrm{d}x \\
&= \int_{-\infty}^z\left[\int_{-\infty}^{+\infty} f\left(x,\frac{t}{x}\right)\frac{1}{|x|}\mathrm{d}x\right]\mathrm{d}t
\end{aligned}
$$

由此可知 $Z=XY$ 的分布密度函数为

$$
f_Z(z) = \int_{-\infty}^{+\infty} f\left(x,\frac{z}{x}\right)\frac{1}{|x|}\mathrm{d}x \tag{4.19}
$$

由 X, Y 的对等性, $Z=XY$ 的分布密度函数又可写成

$$
f_Z(z) = \int_{-\infty}^{+\infty} f\left(\frac{z}{y},y\right)\frac{1}{|y|}\mathrm{d}y \tag{4.20}
$$

应用与上述同样的推理方法, 不难获得这两个随机变量之商 $Z=\dfrac{X}{Y}$ 的分布密度函数为 (习题 4.10)

$$
f_Z(z) = \int_{-\infty}^{+\infty} f(zy,y)|y|\mathrm{d}y \tag{4.21}
$$

例 4.2.5 设随机变量 X 与 Y 相互独立且均服从标准正态分布, 求 $Z=\dfrac{X}{Y}$ 的分布密度函数.

解 由 X 与 Y 相互独立且均服从标准正态分布知 (X,Y) 的分布密度函数为

$$
f(x,y) = f_X(x)f_Y(y) = \frac{1}{2\pi}\mathrm{e}^{-\frac{x^2+y^2}{2}}
$$

故由公式 (4.21) 知 $Z=\dfrac{X}{Y}$ 的分布密度函数为

$$
\begin{aligned}
f_Z(z) &= \int_{-\infty}^{+\infty} f(zy,y)|y|\mathrm{d}y \\
&= \frac{1}{2\pi}\int_{-\infty}^{+\infty} \mathrm{e}^{-\frac{(zy)^2+y^2}{2}}|y|\mathrm{d}y = \frac{1}{\pi}\int_0^{+\infty} \mathrm{e}^{-\frac{z^2+1}{2}y^2}y\mathrm{d}y \\
&= \left[-\frac{1}{\pi(1+z^2)}\mathrm{e}^{-\frac{z^2+1}{2}y^2}\right]_0^{+\infty} \\
&= \frac{1}{\pi(1+z^2)}
\end{aligned}
$$

即 $Z=\dfrac{X}{Y}$ 的概率分布是柯西分布.

3）最大值与最小值的分布

设随机变量 X 与 Y 相互独立，其分布函数分别为 $F_X(x)$ 和 $F_Y(y)$，我们来求 $\max(X, Y)$ 与 $\min(X, Y)$ 的分布函数．

由于 $\{\max(X, Y) \leqslant z\} = \{X \leqslant z, Y \leqslant z\}$ 且 X 与 Y 相互独立，所以 $\max(X, Y)$ 的分布函数为

$$F_{\max}(z) = P(\max(X, Y) \leqslant z) = P(X \leqslant z, Y \leqslant z) = P(X \leqslant z)P(Y \leqslant z)$$

即有

$$F_{\max}(z) = F_X(z)F_Y(z)$$

同理可得，$\min(X, Y)$ 的分布函数为

$$F_{\min}(z) = P(\min(X, Y) \leqslant z) = P(X \leqslant z \text{ 或 } Y \leqslant z)$$
$$= 1 - P(X > z, Y > z) = 1 - P(X > z)P(Y > z)$$
$$= 1 - [1 - P(X \leqslant z)][1 - P(Y \leqslant z)]$$

即有

$$F_{\min}(z) = 1 - [1 - F_X(z)][1 - F_Y(z)]$$

以上结果容易推广到 n 个相互独立的随机变量的情形．设 X_1，X_2，$\cdots$，X_n 是 n 个相互独立的随机变量，其分布函数分别为 $F_{X_1}(x_1)$，$F_{X_2}(x_2)$，$\cdots$，$F_{X_n}(x_n)$，则 $\max(X_1, X_2, \cdots, X_n)$ 与 $\min(X_1, X_2, \cdots, X_n)$ 的分布函数为

$$F_{\max}(z) = F_{X_1}(z)F_{X_2}(z)\cdots F_{X_n}(z) \tag{4.22}$$

$$F_{\min}(z) = 1 - [1 - F_{X_1}(z)][1 - F_{X_2}(z)]\cdots[1 - F_{X_n}(z)] \tag{4.23}$$

特别地，当 X_1，X_2，$\cdots$，X_n 相互独立且具有共同的分布函数 $F(x)$ 时，有

$$F_{\max}(z) = [F(z)]^n \tag{4.24}$$

$$F_{\min}(z) = 1 - [1 - F(z)]^n \tag{4.25}$$

例 4.2.6 某电子仪器由 6 个相互独立的部件 L_k（$k = 1, 2, \cdots, 6$）组成，其连接方式如图 4.2 所示．设各个部件的使用寿命 X_k（$k = 1, 2, \cdots, 6$）服从相同的指数分布 $e(\lambda)$，求仪器使用寿命 X 的概率分布密度．

解 按题意，各个部件的使用寿命 X_k（$k = 1, 2, \cdots, 6$）均服从指数分布，它们的分布函数均为

$$F(x) = \begin{cases} 1 - e^{-\lambda x}, & x > 0 \\ 0, & x \leqslant 0 \end{cases}$$

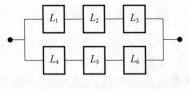

图 4.2

由图 4.2 知，当两个串联组都停止工作时，仪器才停止工作；而在每个串联组中若任一部件损坏都将导致该串联组停止工作．因此，仪器的使用寿命 X 与各个部件的使用寿命 X_k 有如下关系：

$$X = \max(\min(X_1, X_2, X_3), \min(X_4, X_5, X_6))$$

故按式（4.24）和式（4.25）得仪器的使用寿命 X 的分布函数为

$$F_X(x) = \{1 - [1 - F(x)]^3\}^2$$
$$= \begin{cases} \{1 - [1 - (1 - e^{-\lambda x})]^3\}^2, & x > 0 \\ 0, & x \leqslant 0 \end{cases}$$
$$= \begin{cases} (1 - e^{-3\lambda x})^2, & x > 0 \\ 0, & x \leqslant 0 \end{cases}$$

求导即得仪器使用寿命 X 的分布密度函数为

$$f_X(x) = \begin{cases} 6\lambda e^{-3\lambda x}(1 - e^{-3\lambda x}), & x > 0 \\ 0, & x \leqslant 0 \end{cases}$$

上面，我们在讨论随机变量的函数分布时，都是先给定了一个函数变换，要求的是经过变换后的随机变量的分布．下两节要讨论的问题可以在一定意义上看成是这里的逆，即我们要找一个函数变换，希望变换后的随机变量具有事先指定的分布．

*4.3 均匀随机数的产生

4.3.1 构造均匀随机数的意义

给定一严格单调连续的分布函数 $F(x)$，试作一随机变量 X，使它的分布函数恰为事先给定的 $F(x)$．为了便于在计算机上实现，我们可采用下面的方法构造 X．

取在 $(0,1)$ 上均匀分布的随机变量 W，显然它的分布函数为

$$\Psi(x) = \begin{cases} 0, & x < 0 \\ x, & 0 \leqslant x < 1 \\ 1, & x \geqslant 1 \end{cases} \tag{4.26}$$

由于 $F(x)$ 是一严格单调连续的分布函数（这时 $F(x)$ 必单调增加），所以 $F(x)$ 的逆 $F^{-1}(x)$ 存在，并且 $F^{-1}(x)$ 在 $(0,1)$ 上单调增加．容易证明 $X = F^{-1}(W)$ 即为所求的随机变量．事实上

$$P(X \leqslant x) = P(F^{-1}(W) \leqslant x) = P(W \leqslant F(x)) = \Psi[F(x)]$$

注意到此时 $0 < F(x) < 1$，故由式（4.26）知

$$P(X \leqslant x) = \Psi[F(x)] = F(x)$$

这说明 $F(x)$ 的确是随机变量 $X = F^{-1}(W)$ 的分布函数，亦即有下列定理．

定理 4.3.1 设 $F(x)$ 是一严格单调连续的分布函数，$F^{-1}(x)$ 为 $F(x)$ 的逆函数，W 是在 $(0,1)$ 中均匀分布的随机变量，则

$$X = F^{-1}(W) \tag{4.27}$$

就是以 $F(x)$ 为分布函数的随机变量，即

$$P(X \leqslant x) = F(x) \tag{4.28}$$

定理 4.3.1 表明，要造出以 $F(x)$ 为分布函数的随机变量，只要会造出在 $(0,1)$ 中均匀分布的随机变量就够了．为了方便，以后把在 $(0,1)$ 中均匀分布的随机变量简称为均匀随机数．

显然，要在计算机上快速产生真正意义上的均匀随机数是不可能的，因此，便产生了研究伪随机数的问题．

4.3.2 伪随机数的产生

伪随机数，是指按照一定的计算方法产生的、具有类似于均匀随机数特点的数．这些数既然是按照确定性的算法产生的，便不可能是真正的均匀随机数．虽然如此，只要计算方法选择得当，它们便近似地相互独立且近似于均匀分布．由于这些原因，人们称

这些数为伪随机数. 当然, 为了保证产生的速度, 计算方法应当相当简便, 以便在计算机上迅速实现.

产生伪随机数的方法很多, 这里, 我们只介绍一种最常用的产生伪随机数的方法——余数法. 令

$$W_n = \frac{x_n}{M}, \quad x_n = (\lambda x_{n-1})(\mathrm{mod}M), \quad n = 1, 2, \cdots \quad (4.29)$$

其中 λ, M 为任意正整数, x_0 为任意正奇数, $(\lambda x_{n-1})(\mathrm{mod}M)$ 代表取 (λx_{n-1}) 相对于 M 的余数. 显然, 只要给定了 λ, M 和 x_0, 则按照递推式 (4.29), 就可以构造出介于 0, 1 之间的一串数列 W_n ($n = 1, 2, \cdots$). 这串数能否通过独立性与均匀性检验, 完全依赖于参数的选择. 有一些参数可以使它们通过而大多数则不能, 其中能通过检验的就可作为伪随机数列. 至于如何选择, 目前主要依靠在计算机上实验. 从一些公开发表的报道知下列参数组较适用:

$$\left. \begin{array}{l} \lambda = 5^{17}, \ M = 2^{42}, \ x_0 = 1 \\ \lambda = 5^{13}, \ M = 2^{36}, \ x_0 = 1 \\ \lambda = 7, \ M = 10^{10}, \ x_0 = 1 \end{array} \right\} \quad (4.30)$$

当然, 在配有随机数发生器的计算机也可以采用该设备直接产生均匀随机数.

*4.4 任意随机变量的模拟

本节的目的就是要构造出具有事先给定分布函数 $F(x)$ 的随机数. 这种随机数称为 $F(x)$-随机数; 如果 $F(x)$ 有分布密度函数 $f(x)$, 那么也称它们为 $f(x)$-随机数. 以下会看到, 一般地, $F(x)$-随机数都可自均匀随机数经过一些变换得到. 由此可见, 均匀随机数是模拟 $F(x)$-随机数的基石. 下面介绍以均匀随机数为基础, 构造任意 $F(x)$-随机数的几种方法.

4.4.1 反函数法

从定理 4.3.1 知, 若 W 是在 (0, 1) 上的均匀随机数, 则对于事先给定的严格单调连续的分布函数 $F(x)$,

$$X = F^{-1}(W) \quad (4.31)$$

就是以 $F(x)$ 为分布函数的 $F(x)$-随机数. 我们把这种构造随机数的方法称为反函数法.

例 4.4.1 已知指数分布 $e(\lambda)$ 的分布函数为

$$F(x) = \begin{cases} 1 - e^{-\lambda x}, & x > 0 \\ 0, & x \leqslant 0 \end{cases}$$

则由式 (4.31) 知服从指数分布 $e(\lambda)$ 的随机变量为

$$X = F^{-1}(W) = -\frac{1}{\lambda} \ln(1 - W)$$

其中 W 是在 (0, 1) 上的均匀随机数.

注意到 $1 - W$ 也是在 (0, 1) 中服从均匀分布的随机数, 则

$$X = -\frac{1}{\lambda} \ln W$$

也是服从指数分布 e（λ）的随机数.

反函数法在理论上虽然明确，但常常由于 $F(x)$ 的表达式较复杂而难于求解，因而不得不另觅他法.

4.4.2 离散逼近法

设分布密度函数 $f(x)$ 集中在 $[a, b]$ 中，将区间 $[a, b]$ 分成 n 份：

$$a = a_0 < a_1 < a_2 < \cdots < a_n = b$$

令

$$w_k = \int_{a_0}^{a_k} f(x)\,\mathrm{d}x \quad (k = 0,1,2,\cdots,n) \tag{4.32}$$

则显然有 $0 = w_0 \leqslant w_1 \leqslant w_2 \leqslant \cdots \leqslant w_n = 1$. 任取在（0，1）上的均匀随机数 W，定义

$$X = X(W) = a_{k-1} + \frac{a_k - a_{k-1}}{w_k - w_{k-1}}(W - w_{k-1}) \quad (w_{k-1} \leqslant W < w_k;\ k = 1, 2, \cdots, n)$$

$$\tag{4.33}$$

则

$$\begin{aligned}
P(a_{k-1} \leqslant X < a_k) &= P(w_{k-1} \leqslant W < w_k) \\
&= w_k - w_{k-1} = \int_{a_{k-1}}^{a_k} f(x)\,\mathrm{d}x \quad (k = 1,2,\cdots,n)
\end{aligned}$$

亦即，由式（4.33）定义的 X 落入每一小区间的概率都等于分布密度函数 $f(x)$ 在该区间的积分，说明当区间划分得比较细（这时 n 比较大）时，由式（4.33）定义的 X 是近似服从以 $f(x)$ 为分布密度函数的随机变量.

若 $f(x)$ 不是集中在有限区间内，则可选取有限区间 $[a, b]$ 使

$$\int_a^b f(x)\,\mathrm{d}x = 1 - \varepsilon$$

其中 ε 是充分小的正数. 然后在 $[a, b]$ 上运用上述方法，这时只会出现较小的误差.

4.4.3 标准正态分布 N（0，1）的模拟

设 $W_1, W_2, \cdots, W_n$ 是 n 个相互独立的均匀随机数，则可以证明（证明见例 6.2.1），当 n 比较大时

$$Z_n = \left(\sum_{k=1}^n W_k - \frac{n}{2} \right) \bigg/ \sqrt{\frac{n}{12}} \tag{4.34}$$

就是一个近似服从 $N(0, 1)$ 的 $\Phi(x)$-随机数.

特别地，取 $n = 12$ 时，

$$Z_{12} = \sum_{k=1}^{12} W_k - 6$$

是计算最为方便的服从 $N(0, 1)$ 的 $\Phi(x)$-随机数.

4.4.4 离散型随机变量的模拟

设离散型随机变量 X 的分布律为

$$P(X = x_k) = p_k, \quad k = 1, 2, \cdots \tag{4.35}$$

为模拟 X，可任取一均匀随机数 W，定义

$$X = X(W) = \begin{cases} x_1, W \leqslant p_1 \\ x_k, \sum_{i=1}^{k-1} p_i < W \leqslant \sum_{i=1}^{k} p_i \quad (k = 2, 3, \cdots) \end{cases} \tag{4.36}$$

则显然有式（4.36）定义的 X 是以式（4.35）为分布律的随机变量.

例 4.4.2 按照定义，二项分布 $B(n, p)$ 的分布律为

$$p_k = C_n^k p^k q^{n-k}, \quad k = 0, 1, 2, \cdots, n$$

则对任一均匀随机数 W，由

$$X = \begin{cases} 0, & W \leqslant q^n \\ k, & \sum_{i=0}^{k-1} C_n^i p^i q^{n-i} < W \leqslant \sum_{i=0}^{k} C_n^i p^i q^{n-i} \quad (k = 1, 2, \cdots, n) \end{cases}$$

定义的 X 便是服从二项分布 $B(n, p)$ 的随机变量.

*4.5　概率模型在近似计算中的应用

应用概率模型来作近似计算是 20 世纪下半叶才发展起来的一种方法，通常称为蒙特卡罗（Monte Caro）方法. 这种方法的基本思想是：为了计算某些量，先构造出概率模型（如随机变量等），使概率模型的某一结果恰好与所求量一致. 这样，依据所建的概率模型在计算机上作模拟实验从而获得所求量的值.

在 4.3 节与 4.4 节给出的随机变量的模拟方法为本节应用概率模型作近似计算提供了实现的基础. 本节只就概率模型在定积分计算中的应用作一简单介绍.

设 $f(x)$ 在闭区间 $[a, b]$ 上有界可积，计算下列定积分的值：

$$\int_a^b f(x) \, \mathrm{d}x \tag{4.37}$$

为把此积分化成积分变量和被积函数都在 $[0, 1]$ 上取值的定积分，令

$$g(x) = \frac{f[a + (b-a)x] - m}{M - m}$$

其中 m 和 M 分别为 $f(x)$ 在 $[a, b]$ 上的下界和上界（不失一般性可设 $m < M$）. 这时 $0 \leqslant g(x) \leqslant 1$，定积分 [式（4.37）] 可化成

$$\int_a^b f(x) \, \mathrm{d}x \xlongequal{x = a + (b-a)t} (b-a) \int_0^1 f[a + (b-a)t] \mathrm{d}t$$

$$= (b-a)m + (b-a)(M-m) \int_0^1 g(x) \, \mathrm{d}x \tag{4.38}$$

于是问题转化为求形如

$$\int_0^1 g(x) \, \mathrm{d}x, \quad 0 \leqslant g(x) \leqslant 1 \tag{4.39}$$

的定积分值，即求图 4.3 中阴影部分的面积.

为此，考虑向矩形区域 $0 \leqslant x \leqslant 1, 0 \leqslant y \leqslant 1$ 中均匀地、独立地设投掷点

$$(X_k, Y_k) \quad (k = 1, 2, \cdots)$$

进行 n 重伯努利试验. 以 A 表示随机点 (X_k, Y_k) 落入图 4.3 中阴影部分的事件，则事件 A 的概率就等于图中阴影部分的面积，从而也等于定积分 [式（4.39）] 的值，即

$$\int_0^1 g(x)\,\mathrm{d}x = P(A)$$

为了计算概率 $P(A)$，可任取在 $(0，1)$ 上的两均匀随机数列 X_k（$k=1，2，\cdots$），Y_k（$k=1，2，\cdots$），并据此定义随机变量函数

$$Z_k = \begin{cases} 1, & 0<X_k<1,\ 0<Y_k<g(X_k) \\ 0, & \text{其他} \end{cases} \quad (k=1，2，\cdots)$$

则

$$\frac{n_A}{n} = \frac{Z_1+Z_2+\cdots+Z_n}{n}$$

表示上述 n 重伯努利掷点试验中事件 A 发生的频率．于是由频率稳定于概率这一事实（定理 6.1.5），当 n 充分大时可取频率作为概率的近似值，故有

$$\int_0^1 g(x)\,\mathrm{d}x = P(A) \approx \frac{n_A}{n} = \frac{1}{n}\sum_{k=1}^{n} Z_k \tag{4.40}$$

这样，只要我们用计算机产生伪随机数，作上述掷点试验就可获得上述频率，从而得到所求积分．这种方法称为掷点试验法．

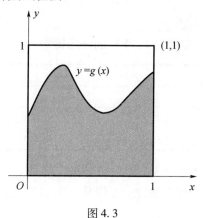

图 4.3

例 4.5.1 计算定积分 $\int_0^2 \mathrm{e}^x\,\mathrm{d}x$ 的值．

解 取 $g(x)=\dfrac{\mathrm{e}^{2x}}{9}$，则 $0<g(x)<1$，且

$$\int_0^2 \mathrm{e}^x\,\mathrm{d}x \x;\underline{x=2t}\; 2\int_0^1 \mathrm{e}^{2t}\,\mathrm{d}t = 18\int_0^1 g(x)\,\mathrm{d}x$$

若用掷点试验法，以 $\lambda=5^{17}$，$M=2^{42}$，$x_0=1$ 为参数，按递推式（4.29）构造均匀随机数 X_k（$k=1，2，\cdots$）；以 $\lambda=5^{13}$，$M=2^{36}$，$x_0=1$ 为参数构造均匀随机数 Y_k（$k=1，2，\cdots$），则当取 $n=1000$ 时，可求得频率 $\dfrac{n_A}{n}=\dfrac{365}{1000}$．于是，由式（4.40）得

$$\int_0^2 \mathrm{e}^x\,\mathrm{d}x = 18\int_0^1 g(x)\,\mathrm{d}x = 18\times\frac{356}{1000} = 6.408$$

与直接积分的结果 $\int_0^2 \mathrm{e}^x\,\mathrm{d}x = \mathrm{e}^2-1 = 6.389$ 相比，可知掷点试验法模拟的结果与实际情况吻合得很好．

习题 4

4.1 设随机变量 X 服从二项分布 $B(3, 0.4)$，求 X^2，$X(X-2)$ 及 $X(3-X)$ 的分布律.

4.2 设随机变量 X 的分布函数 $F(x)$ 严格单调且连续，求随机变量 $Y = -2\ln F(X)$ 的分布密度函数.

4.3 在 xOy 平面上过点 $(0, 1)$ 随机作一条直线，求该直线在 x 轴上的截距 X 的分布密度函数.

4.4 一点随机地落在以原点为中心、以 R 为半径的圆周上，并且对弧长是均匀分布的，求这点的横坐标 X 的分布密度函数.

4.5 设随机变量 X 的分布密度函数为

$$f(x) = \begin{cases} \dfrac{2x}{\pi^2}, & 0 < x < \pi \\ 0, & \text{其他} \end{cases},$$

求 $Y = \sin(X)$ 的分布密度函数.

4.6 设二维离散型随机变量 (X, Y) 的分布律为

X	Y		
	-1	1	2
-1	0.25	0.10	0.30
2	0.15	0.15	0.05

求 $X+Y$，$X-Y$，$\max(X, Y)$ 及 $\min(X, Y)$ 的分布律.

4.7 设随机变量 X 与 Y 相互独立，X 服从 $(0, 1)$ 上的均匀分布，Y 服从指数分布 $e(1)$，求 $Z = X+Y$ 的分布密度函数.

4.8 设随机变量 X_1，X_2，X_3，X_4 相互独立，其中 X_1 和 X_2 均服从标准正态分布 $N(0, 1)$，X_3 和 X_4 均服从二项分布 $B(1, 0.5)$，求 $Y = X_1 + X_2 + X_3 X_4$ 的分布密度函数.

4.9 设 (X, Y) 的分布密度函数为

$$f(x, y) = \begin{cases} 3x, & 0 < x < 1, 0 < y < x \\ 0, & \text{其他} \end{cases}$$

求 $Z = X - Y$ 的分布密度函数.

4.10 设随机变量 X 与 Y 相互独立，其联合分布密度函数为 $f(x, y)$，证明这两个随机变量之商 $Z = \dfrac{X}{Y}$ 的分布密度函数为

$$f_Z(z) = \int_{-\infty}^{+\infty} f(zy, y) |y| \mathrm{d}y$$

5 随机变量的数字特征

从前几章我们已看到，分布函数能够完整地描述随机变量的取值规律．但在实际应用中，一方面，常常很难知道随机变量的分布函数；另一方面，在很多情况下，并不需要全面考察随机变量的变化情况，而只需知道随机变量的某些特征．例如，在评定某一地区粮食产量的水平时，往往只要知道该地区的平均亩产量即可；而在检查一批灯泡的质量时，既需要注意灯泡的平均寿命，又需要注意这批灯泡的稳定性（即相对于平均寿命的偏离程度），平均寿命较长、偏离程度较小，质量就较好．可见，与随机变量有关的某些数字虽然不能完整地描述随机变量，但能描述随机变量在某些方面的重要特征．这些数字特征在理论和实践上都具有重要的意义．本章将介绍随机变量的几个常用的数字特征．

5.1 数学期望

5.1.1 随机变量的数学期望

求平均值是大家都很熟悉的一种运算．例如，某公司有 n 个职工，他们的工资分别为 x_1，x_2，$\cdots$，x_n，则这个公司的平均工资为

$$\bar{x} = \frac{x_1 + x_2 + \cdots + x_n}{n}$$

还有其他求平均值的方法．例如，一个小学生的考试成绩为：语文 95 分，数学 85 分，常识 60 分，若依上面方法计算，则他的平均成绩为 $\bar{x} = 80$. 显然，这个数字不太能反映这个学生的真正成绩，因为它没有考虑到这三个科目的相对重要性．在这个年级中，每周语文有 10 节课，数学有 8 节课，而常识只有 2 节课．在评价学生成绩时，这个因素不能不考虑，因此用下面方法来计算学生的平均成绩，似乎更合理些：

$$\bar{x}_w = \frac{95 \times 10 + 85 \times 8 + 60 \times 2}{10 + 8 + 2} = 95 \times \frac{10}{20} + 85 \times \frac{8}{20} + 60 \times \frac{2}{20} = 87.5$$

这种平均称为加权平均．其一般定义如下：给定权 $w_i \geq 0$，$i = 1$，2，$\cdots$，n，满足 $\sum_{i=1}^{n} w_i = 1$，则

$$\bar{x}_w = \sum_{i=1}^{n} x_i w_i$$

称为 x_1，x_2，$\cdots$，x_n 关于权 $\{w_i, i = 1, 2, \cdots, n\}$ 的加权平均值．

在某些情况下，加权平均更加合理．由于"权"的大小直接影响最后的结果，因此"权"的选择是加权平均中最重要的问题．特别地，若要计算随机变量的平均取值，采用加权平均更为合理，先来看一个例子．

例 **5.1.1** 设离散型随机变量 X 的分布律为 $P(X=x_i)=p_i$，$i=1$，2，$\cdots$，n，求 X 的平均取值.

解 求 X 的平均取值只考虑 X 的取值 x_1，x_2，$\cdots$，x_n 显然不够，还需要考虑 X 取各个值的概率，因为概率反映了取各个值的可能性大小，也即反映了各个值的重要程度. 因此，采用加权平均计算 X 的平均取值更为合理，权很自然为取值的概率，即离散型随机变量 X 的平均取值为 $\sum_{i=1}^{n} x_i p_i$，称之为 X 的数学期望，记为 $E(X)$，即

$$E(X) = \sum_{i=1}^{n} x_i p_i \tag{5.1}$$

数学期望也常称为"均值"，即"随机变量取值的平均值"之意，这个平均是指以概率为权的加权平均.

利用概率的统计定义，容易给"均值"这个名词一个自然的解释. 假定把试验重复 N 次，每次把 X 的取值记录下来，设在这 N 次试验中，有 N_1 次取 x_1，N_2 次取 x_2，$\cdots$，N_n 次取 x_n，则这 N 次试验中 X 总共取值为 $x_1 N_1 + x_2 N_2 + \cdots + x_n N_n$. 而平均每次试验中 X 的取值，记为 $\overline{X}$，等于

$$\overline{X} = \frac{x_1 N_1 + x_2 N_2 + \cdots + x_n N_n}{N}$$

$$= x_1 \times \frac{N_1}{N} + x_2 \times \frac{N_2}{N} + \cdots + x_n \times \frac{N_n}{N}$$

$\frac{N_i}{N}$ $(i=1$，2，$\cdots$，$n)$ 正好是事件 $\{X=x_i\}$ 在这 N 次试验中的频率，按照概率的统计定义（见第 1 章 1.2 节），当 N 很大时，$\frac{N_i}{N}$ 应很接近 p_i. 因此，$\overline{X}$ 应接近于 $\sum_{i=1}^{n} x_i p_i$. 也就是说，X 的数学期望 $E(X)$ 不是别的，正是在大量次数试验之下 X 在各次试验中取值的平均.

很自然地，如果 X 为离散型随机变量，取可列个值 x_1，x_2，$\cdots$，而概率分布为 p_1，p_2，$\cdots$，则我们仿照式（5.1），把 X 的数学期望 $E(X)$ 定义为级数之和，即

$$E(X) = \sum_{i=1}^{\infty} x_i p_i$$

当然，级数必须收敛才行，实际上我们要求更多，要求这个级数绝对收敛.

定义 5.1.1 对离散型随机变量 X，设其分布律为

$$P(X=x_k) = p_k, \quad k=1, 2, \cdots$$

若级数 $\sum_{k=1}^{\infty} x_k p_k$ 绝对收敛，则称该级数的和为 X 的数学期望，简称为期望，记为 $E(X)$，即

$$E(X) = \sum_{k=1}^{\infty} x_k p_k \tag{5.2}$$

若级数 $\sum_{k=1}^{\infty} |x_k| p_k$ 发散，此时称 X 的数学期望不存在.

在定义 5.1.1 中，为什么要求级数绝对收敛而不是收敛呢？这涉及级数理论中的一

个现象：如果某个级数，例如 $\sum_{k=1}^{\infty} x_k p_k$，只是收敛（称为条件收敛），而其绝对值构成的级数 $\sum_{k=1}^{\infty} |x_k| p_k$ 并不收敛，则改变这个级数中各项的次序，可以使它变得不收敛，或者使它收敛而其和等于事先任意指定的值. 这就意味着式 (5.2) 右边级数的和存在与否、等于多少，与随机变量 X 的取值的排列次序有关. 而 $E(X)$ 作为刻画 X 的某种特性的数值，有其客观意义，不应与其取值的人为排列次序有关.

对于连续型随机变量，用积分代替级数可给出其数学期望的定义.

定义 5.1.2 对连续型随机变量 X，设其分布密度函数为 $f(x)$，若积分 $\int_{-\infty}^{+\infty} xf(x)\mathrm{d}x$ 绝对收敛，则称该积分的值为 X 的数学期望，记为 $E(X)$，即

$$E(X) = \int_{-\infty}^{+\infty} xf(x)\mathrm{d}x \tag{5.3}$$

若积分 $\int_{-\infty}^{+\infty} |x| f(x)\mathrm{d}x$ 发散，此时称 X 的数学期望不存在.

定义 5.1.2 可用离散化的方式加以理解. 用密集的点列 $\{x_k\}$ 把 x 轴分成很多小区间，长度为 $\Delta x_k = x_k - x_{k-1}$. 则 X 在 $(x_{k-1}, x_k]$ 中取值的概率近似等于 $f(x_k)(x_k - x_{k-1})$. 用这种方式，我们把原来的连续型随机变量 X 近似地离散化为一个取可列个值 $\{x_k\}$ 的离散型随机变量 X'，X' 的概率分布为

$$P(X' = x_k) \approx f(x_k)(x_k - x_{k-1})$$

按定义 5.1.1，有

$$E(X') \approx \sum_k x_k f(x_k)(x_k - x_{k-1})$$

随着区间越分越细，X' 越来越接近 X，从而上式右端之和越来越接近于式 (5.3) 右端的积分.

前面我们对两类特殊的随机变量定义了数学期望，那么对一般的随机变量，如何定义数学期望呢？设随机变量 X 的分布函数为 $F(x)$，完全类似于连续型随机变量的场合，用密集的点列 $\{x_k\}$ 分割 x 轴，则 X 落在 $(x_{k-1}, x_k]$ 中的概率等于 $F(x_k) - F(x_{k-1})$，因此 X 与以概率 $F(x_k) - F(x_{k-1})$ 取值 $\{x_k\}$ 的离散型随机变量 X' 近似，而后者的数学期望为

$$E(X') \approx \sum_k x_k [F(x_k) - F(x_{k-1})]$$

随着分割越来越细，X' 越来越接近 X，从而上式右端之和越来越接近于斯蒂尔杰斯积分 $\int_{-\infty}^{+\infty} x\mathrm{d}F(x)$. 这个直观的考虑启发我们引进如下定义：

定义 5.1.3 设随机变量 X 的分布函数为 $F(x)$，若积分 $\int_{-\infty}^{+\infty} x\mathrm{d}F(x)$ 绝对收敛，则称其积分值为 X 的数学期望，记为 $E(X)$，即

$$E(X) = \int_{-\infty}^{+\infty} x\mathrm{d}F(x) \tag{5.4}$$

若积分 $\int_{-\infty}^{+\infty} |x|\mathrm{d}F(x)$ 发散，此时称 X 的数学期望不存在.

关于斯蒂尔杰斯积分 $\int_{-\infty}^{+\infty} g(x)\mathrm{d}F(x)$，我们只列举它的两条重要性质：

（1）当 $F(x)$ 为跳跃函数，在 x_k（$k=1,2,\cdots$）处具有跃度 p_k 时，有

$$\int_{-\infty}^{+\infty} g(x)\mathrm{d}F(x) = \sum_k g(x_k)p_k$$

（2）当 $F(x)$ 存在导数 $F'(x) = f(x)$ 时，有

$$\int_{-\infty}^{+\infty} g(x)\mathrm{d}F(x) = \int_{-\infty}^{+\infty} g(x)f(x)\mathrm{d}x$$

由黎曼-斯蒂尔杰斯积分的上述两条性质知，当随机变量为离散型或连续型时，式（5.4）变为式（5.2）或式（5.3）. 另外，由上述定义可知，随机变量的数学期望被其概率分布唯一确定，故我们也称随机变量的数学期望为它的概率分布的数学期望.

例 5.1.2 甲、乙两人进行打靶，所得分数分别记为 X 和 Y. 设它们的分布律分别为

$$X \sim \begin{bmatrix} 0 & 1 & 2 \\ 0.1 & 0.6 & 0.3 \end{bmatrix} \text{和} Y \sim \begin{bmatrix} 0 & 1 & 2 \\ 0.4 & 0.2 & 0.4 \end{bmatrix}$$

试评定甲、乙两人成绩的好坏.

解 虽然知道了随机变量 X 和 Y 的分布律，但我们不能据此直观地评价两位选手成绩的好坏. 我们来计算 X 与 Y 的均值（即数学期望）. 由式（5.1）得

$$E(X) = 0 \times 0.1 + 1 \times 0.6 + 2 \times 0.3 = 1.2$$
$$E(Y) = 0 \times 0.4 + 1 \times 0.2 + 2 \times 0.4 = 1.0$$

这意味着如果甲、乙两人进行很多次射击，那么甲所得分数的平均值就接近于 1.2（分），而乙则接近于 1.0（分）. 可见乙的成绩不如甲.

例 5.1.3 设 $X \sim P(\lambda)$，求 X 的数学期望 $E(X)$.

解 由于 X 的分布律为

$$P(X=k) = \frac{\lambda^k}{k!}\mathrm{e}^{-\lambda}, \ k = 0,1,2,\cdots$$

故由式（5.2）得

$$E(X) = \sum_{k=0}^{\infty} k \cdot \frac{\lambda^k}{k!}\mathrm{e}^{-\lambda} = \lambda \mathrm{e}^{-\lambda} \sum_{k=1}^{\infty} \frac{\lambda^{k-1}}{(k-1)!} = \lambda \mathrm{e}^{-\lambda} \mathrm{e}^{-\lambda} = \lambda$$

这表明泊松分布的参数 λ 实际上就是它的数学期望或均值.

例 5.1.4 设 $X \sim B(n,p)$，求 X 的数学期望 $E(X)$.

解 由于 X 的分布律为

$$p_k = P(X=k) = C_n^k p^k (1-p)^{n-k}, \quad k = 0,1,\cdots,n$$

故由式（5.1）得

$$E(X) = \sum_{k=0}^{n} kp_k = \sum_{k=1}^{n} k\frac{n!}{k!(n-k)!} p^k (1-p)^{n-k}$$

$$= np \sum_{k=1}^{n} \frac{(n-1)!}{(k-1)![(n-1)-(k-1)]!} p^{k-1}(1-p)^{(n-1)-(k-1)}$$

$$= np \sum_{k=1}^{n} C_{n-1}^{k-1} p^{k-1}(1-p)^{(n-1)-(k-1)}$$

$$= np[p+(1-p)]^{n-1} = np$$

例 5.1.5　设随机变量 X 的分布律为

$$P\left(X = (-1)^k \frac{2^k}{k}\right) = \frac{1}{2^k},\ k = 1,\ 2,\ \cdots$$

问 X 的数学期望是否存在?

解　由于

$$\sum_{k=1}^{\infty} x_k p_k = \sum_{k=1}^{\infty} (-1)^k \frac{1}{k} = -\ln 2$$

但

$$\sum_{k=1}^{\infty} |x_k| p_k = \sum_{k=1}^{\infty} \frac{1}{k} \text{ 发散}$$

故 X 的数学期望不存在.

例 5.1.6　设 $X \sim N(\mu,\ \sigma^2)$，求 X 的数学期望 $E(X)$.

解　由于 X 的分布密度函数为

$$f(x) = \frac{1}{\sqrt{2\pi}\sigma} e^{-\frac{(x-\mu)^2}{2\sigma^2}},\ -\infty < x < +\infty$$

将上式代入式 (5.3) 并作变量替换 $\frac{x-\mu}{\sigma} = t$ 得

$$E(X) = \frac{1}{\sqrt{2\pi}\sigma} \int_{-\infty}^{+\infty} x e^{-\frac{(x-\mu)^2}{2\sigma^2}} dx$$

$$= \frac{1}{\sqrt{2\pi}} \int_{-\infty}^{+\infty} (\mu + \sigma t) e^{-\frac{t^2}{2}} dt$$

$$= \mu \cdot \frac{1}{\sqrt{2\pi}} \int_{-\infty}^{+\infty} e^{-\frac{t^2}{2}} dt + \frac{\sigma}{\sqrt{2\pi}} \int_{-\infty}^{+\infty} t e^{-\frac{t^2}{2}} dt$$

$$= \mu + 0 = \mu$$

例 5.1.7　设随机变量 X 的分布密度函数为

$$f(x) = \frac{1}{\pi} \cdot \frac{1}{1+x^2},\quad -\infty < x < +\infty$$

问 X 的数学期望是否存在?

解　因为

$$\int_{-\infty}^{+\infty} |x| f(x) dx = \int_{-\infty}^{+\infty} |x| \frac{1}{\pi} \frac{1}{1+x^2} dx \text{ 发散}$$

所以 X 的数学期望不存在.

例 5.1.8（分赌本问题）　设甲乙两赌徒赌技相当（即每局两人赢的概率各为 0.5），各出赌资 50 法郎，每局无平局，他们约定，谁先赢 3 局，就得全部赌资 100 法郎. 一次赌博中，甲已赢了 2 局，乙赢了 1 局时，因故（国王召见）中止了赌博，问如何分配这 100 法郎?

解　平均分对甲不公平，全部归甲则对乙不公平，应按一定比例分，甲多些，乙少些，那么按怎样的比例分才公平呢? 很自然会想到，甲得 100 法郎的 $\frac{2}{3}$，乙得 100 法郎的 $\frac{1}{3}$，这样分也不公平，因为只考虑了已有的赌局. 1654 年法国数学家帕斯卡提出了如下分法：设想这两个赌徒继续赌下去，则甲最终所得的赌资 X 是一个随机变量，其可能取值为 0 和 100，再赌 2 局必定结束，其所有可能结果为：甲甲，甲乙，乙甲，乙乙，每个结果出现的概率都为 $\frac{1}{4}$，这是一个古典概型，这样可得甲、乙最终所得的赌资 X 和 Y 的分布律为

$$X \sim \begin{bmatrix} 0 & 100 \\ \dfrac{1}{4} & \dfrac{3}{4} \end{bmatrix} \quad 和 \quad Y \sim \begin{bmatrix} 0 & 100 \\ \dfrac{3}{4} & \dfrac{1}{4} \end{bmatrix}$$

帕斯卡认为，从平均意义上说，甲、乙可得赌资的期望值分别为

$$E(X) = 0 \times \frac{1}{4} + 100 \times \frac{3}{4} = 75 \text{（法郎）}$$

和

$$E(Y) = 0 \times \frac{3}{4} + 100 \times \frac{1}{4} = 25 \text{（法郎）}$$

从而甲得赌资 75 法郎，而乙得赌资 25 法郎，这种分法似乎更合理，因为它不仅考虑了已有的赌局，而且还考虑了再赌下去的"期望"，这正是数学期望概念的来历．

5.1.2 随机变量的函数的数学期望

定理 5.1.1 设 X 是分布已知的随机变量，$y = g(x)$ 是一元博雷尔函数，那么

（1）若 X 是离散型随机变量，且分布律为

$$P(X = x_k) = p_k \quad (k = 1, 2, \cdots)$$

则函数 $Y = g(X)$ 的数学期望（当下式中级数绝对收敛时）为

$$E(Y) = E[g(X)] = \sum_{k=1}^{\infty} g(x_k) p_k \tag{5.5}$$

（2）若 X 是连续型随机变量，且分布密度函数为 $f(x)$，则 $Y = g(X)$ 的数学期望（当下式中积分绝对收敛时）为

$$E(Y) = E[g(X)] = \int_{-\infty}^{+\infty} g(x) f(x) \, \mathrm{d}x \tag{5.6}$$

证 式（5.5）的证明比较简单．根据式（4.6），$Y = g(X)$ 作为 X 的函数，也是离散型随机变量，其分布律为

$$P(Y = y_j) = \sum_{g(x_k) = y_j} p_k \quad (j = 1, 2, \cdots)$$

按定义 5.1.1，$Y = g(X)$ 的期望为

$$\begin{aligned} E[g(X)] = E(Y) &= \sum_j y_j P(Y = y_j) \\ &= \sum_j y_j \sum_{g(x_k) = y_j} p_k \\ &= \sum_j \sum_{g(x_k) = y_j} g(x_k) p_k \\ &= \sum_{k=1}^{\infty} g(x_k) p_k \end{aligned}$$

式（5.6）的证明较为复杂，我们只能就 $y = g(x)$ 为严格单调并可导的情况给出

证明. 不妨设 $y = g(x)$ 是严格单调增加函数，则按定理 4.1.3，$Y = g(X)$ 的分布密度函数为 $f_Y(y) = f(h(y))h'(y)$，其中 $x = h(y)$ 是 $y = g(x)$ 的反函数，即 $h(g(x)) = x$，两边对 x 求导得 $h'(g(x))g'(x) = 1$，即 $h'(g(x)) = 1/g'(x)$. 因此

$$E[g(X)] = E(Y) = \int_{-\infty}^{+\infty} yf(h(y))h'(y)\,\mathrm{d}y$$

作积分变量代换 $y = g(x)$，注意到 $f(h(g(x))) = f(x)$，$h'(g(x)) = 1/g'(x)$ 及 $\mathrm{d}y = g'(x)\,\mathrm{d}x$，得

$$E(Y) = E[g(X)] = \int_{-\infty}^{+\infty} g(x)f(x)\,\mathrm{d}x$$

即式（5.6）成立. 一般情况（$y = g(x)$ 非单调）的证明超出了本书范围，但对有些简单情况，$y = g(x)$ 虽非单调，但 $Y = g(X)$ 的分布密度函数不难求得，这时式（5.6）也不难证明.

定理 5.1.1 的重要意义在于：当我们求 $E[g(X)]$ 时，不必知道 $Y = g(X)$ 的分布而只需知道 X 的分布就可以了. 定理 5.1.1 还可以推广到多维随机变量函数的情形. 例如，对二维随机变量就有下面的定理.

定理 5.1.2 设 (X, Y) 是分布已知的二维随机变量，$z = g(x, y)$ 是二元博雷尔函数，那么

（1）若 (X, Y) 是二维离散型随机变量，且分布律为
$$P(X = x_i, Y = y_j) = p_{ij} \quad (i, j = 1, 2, \cdots)$$
则 $Z = g(X, Y)$ 的数学期望（当下式中级数绝对收敛时）为

$$E(Z) = E[g(X,Y)] = \sum_{i=1}^{\infty}\sum_{j=1}^{\infty} g(x_i, y_j)p_{ij} \tag{5.7}$$

（2）若 (X, Y) 是二维连续型随机变量，且分布密度函数为 $f(x, y)$，则 $Z = g(X, Y)$ 的数学期望（当下式中积分绝对收敛时）为

$$E(Z) = E[g(X,Y)] = \int_{-\infty}^{+\infty}\int_{-\infty}^{+\infty} g(x,y)f(x,y)\,\mathrm{d}x\mathrm{d}y \tag{5.8}$$

同样，定理 5.1.2 的重要意义在于：当我们求 $E[g(X, Y)]$ 时，不必知道 $Z = g(X, Y)$ 的分布而只需知道 (X, Y) 的分布就可以了.

例 5.1.9 按季节出售的某种应时商品，每售出 1kg 获利润 u. 如到季末尚有剩余商品，则每千克净亏损 v. 设某商店在季度内这种商品的销售量 X（以 kg 计）在区间 (a, b) 上服从均匀分布，为使商店所获得利润的数学期望最大，问商店应进多少货？

解 以 z 表示进货数（单位：kg），易知应取 $a < z < b$，进货 z 所得利润记为 Y，则

$$Y = g_z(X) = \begin{cases} uz - (u+v)(z-X), & a < X \leqslant z \\ uz, & z < X < b \end{cases}$$

是随机变量. 由题意知 X 的分布密度函数为

$$f(x) = \begin{cases} \dfrac{1}{b-a}, & a < x < b \\ 0, & \text{其他} \end{cases}$$

于是由式（5.6），有

$$E(Y) = E[g_z(X)] = \int_{-\infty}^{+\infty} g_z(x)f(x)\,\mathrm{d}x$$

$$= \int_a^z \frac{uz - (u+v)(z-x)}{b-a}\,\mathrm{d}x + \int_z^b \frac{uz}{b-a}\,\mathrm{d}x$$

$$= \frac{uz}{b-a}\int_a^b \mathrm{d}x - \frac{u+v}{b-a}\int_a^z (z-x)\,\mathrm{d}x$$

为了求得 $E(Y)$ 的最值点, 将 $E(Y)$ 对 z 求导数得

$$\frac{\mathrm{d}E(Y)}{\mathrm{d}z} = u - \frac{u+v}{b-a}(z-a)$$

令该导数为零, 可得唯一的最值可疑点

$$z = a + \frac{u}{u+v}(b-a)$$

而由问题本身知 $E(Y)$ 的最大值一定存在, 故当进货数

$$z = a + \frac{u}{u+v}(b-a)\ (\mathrm{kg})$$

时获得利润的数学期望最大.

例 5.1.10 设二维随机变量 (X, Y) 的分布密度函数为

$$f(x, y) = \begin{cases} x+y, & 0<x<1,\ 0<y<1 \\ 0, & \text{其他} \end{cases}$$

试求 XY 的数学期望.

解 由式 (5.8) 得

$$E(XY) = \int_{-\infty}^{+\infty}\int_{-\infty}^{+\infty} xyf(x,y)\,\mathrm{d}x\mathrm{d}y$$

$$= \int_0^1 \mathrm{d}x \int_0^1 xy(x+y)\,\mathrm{d}y = \frac{1}{3}$$

下面的例子说明, 对有些二维随机变量的函数, 利用其概率分布计算数学期望反而要比直接利用二维随机变量的概率分布更方便.

例 5.1.11 设 X 和 Y 独立且都服从参数为 λ 的指数分布, 求 $Z = \max(X, Y)$ 的数学期望 $E(Z)$.

解 利用最大值分布的有关公式可得 Z 的分布密度函数为

$$f_Z(z) = \begin{cases} 2(1-\mathrm{e}^{-\lambda z})\lambda\mathrm{e}^{-\lambda z}, & z>0 \\ 0, & z\leqslant 0 \end{cases}$$

故由连续型随机变量的数学期望的计算公式得

$$E(Z) = \int_{-\infty}^{+\infty} z f_Z(z)\,\mathrm{d}z$$

$$= \int_0^{+\infty} z(1-\mathrm{e}^{-\lambda z})2\lambda\mathrm{e}^{-\lambda z}\,\mathrm{d}z$$

$$= 2\int_0^{+\infty} z(\lambda\mathrm{e}^{-\lambda z})\,\mathrm{d}z - \int_0^{+\infty} z(2\lambda\mathrm{e}^{-2\lambda z})\,\mathrm{d}z$$

$$= \frac{2}{\lambda} - \frac{1}{2\lambda} = \frac{3}{2\lambda}$$

如果直接利用 (X, Y) 的分布密度函数计算 Z 的数学期望，计算过程则较为烦琐．下面给出数学期望的几个重要性质．

定理 5.1.3（数学期望的性质）　设下面所遇随机变量的数学期望均存在，那么下面结论成立：

（1）设 C 是常数，则有

$$E(C) = C$$

（2）设 X，Y 是两个随机变量，k_1，k_2 为任意常数，则

$$E(k_1 X + k_2 Y) = k_1 E(X) + k_2 E(Y)$$

（3）设 X，Y 是两个相互独立的随机变量，则有

$$E(XY) = E(X)E(Y)$$

证　为方便计算，我们只就连续型情形给出证明，但上述性质对任何随机变量都成立．设二维连续型随机变量 (X, Y) 的分布密度函数为 $f(x, y)$，两个边缘分布密度函数分别为 $f_X(x)$ 和 $f_Y(y)$，则

（1）$E(C) = \int_{-\infty}^{+\infty} \int_{-\infty}^{+\infty} Cf(x,y)\mathrm{d}x\mathrm{d}y = C\int_{-\infty}^{+\infty} \int_{-\infty}^{+\infty} f(x,y)\mathrm{d}x\mathrm{d}y = C$

（2）由式（5.8）及式（3.17），有

$$\begin{aligned}
E(k_1 X + k_2 Y) &= \int_{-\infty}^{+\infty} \int_{-\infty}^{+\infty} (k_1 x + k_2 y)f(x,y)\mathrm{d}x\mathrm{d}y \\
&= k_1 \int_{-\infty}^{+\infty} x\left[\int_{-\infty}^{+\infty} f(x,y)\mathrm{d}y\right]\mathrm{d}x + k_2 \int_{-\infty}^{+\infty} y\left[\int_{-\infty}^{+\infty} f(x,y)\mathrm{d}x\right]\mathrm{d}y \\
&= k_1 \int_{-\infty}^{+\infty} xf_X(x)\mathrm{d}x + k_2 \int_{-\infty}^{+\infty} yf_Y(y)\mathrm{d}y \\
&= k_1 E(X) + k_2 E(Y)
\end{aligned}$$

（3）若 X 和 Y 相互独立，则由式（5.8）和定理 3.4.2，有

$$\begin{aligned}
E(XY) &= \int_{-\infty}^{+\infty} \int_{-\infty}^{+\infty} xyf(x,y)\mathrm{d}x\mathrm{d}y \\
&= \int_{-\infty}^{+\infty} xf_X(x)\mathrm{d}x \int_{-\infty}^{+\infty} yf_Y(y)\mathrm{d}y \\
&= E(X)E(Y)
\end{aligned}$$

数学期望的性质（2）和（3）可以推广到多个随机变量的情形．例如，设 C_0，C_1，C_2，$\cdots$，C_n 均为常数，X_1，X_2，$\cdots X_n$ 是随机变量，则有

$$E\left(C_0 + \sum_{k=1}^{n} C_k X_k\right) = C_0 + \sum_{k=1}^{n} C_k E(X_k) \tag{5.9}$$

若 X_1，X_2，$\cdots X_n$ 是相互独立的随机变量，则有

$$E(X_1 X_2 \cdots X_n) = E(X_1)E(X_2)\cdots E(X_n) \tag{5.10}$$

例 5.1.12　袋中有 m 个颜色各不相同的球，每次取一个球，有放回地取 n $(n \geq m)$ 次，令 X 为 n 次取球中取到不同颜色球的数目，求 $E(X)$．

解　直接求 X 的数学期望较为困难，因此我们利用数学期望的性质求 $E(X)$．令

$$X_i = \begin{cases} 0, & \text{第 } i \text{ 种颜色球在 } n \text{ 次取球中未被取到过} \\ 1, & \text{第 } i \text{ 种颜色球在 } n \text{ 次取球中至少被取到过 } 1 \text{ 次} \end{cases}, i = 1, 2, \cdots, m$$

则 $X = \sum_{i=1}^{m} X_i$，而

$$E(X_i) = P(X_i = 1) = 1 - P(X_i = 0) = 1 - \left(1 - \frac{1}{m}\right)^n$$

从而

$$E(X) = \sum_{i=1}^{m} E(X_i) = m\left[1 - \left(1 - \frac{1}{m}\right)^n\right]$$

例 5.1.13 设一电路中电流 I（单位：A）与电阻 R（单位：Ω）是两个相互独立的随机变量，其分布密度函数分别为

$$g(i) = \begin{cases} 2i, & 0 < i < 1 \\ 0, & \text{其他} \end{cases} \quad \text{和} \quad h(r) = \begin{cases} \dfrac{r^2}{9}, & 0 < r < 3 \\ 0, & \text{其他} \end{cases}$$

试求电压 $V = IR$ 的均值.

解 由于电流 I 与电阻 R 相互独立，所以

$$E(V) = E(IR) = E(I)E(R) = \int_{-\infty}^{+\infty} ig(i)\,\mathrm{d}i \int_{-\infty}^{+\infty} rh(r)\,\mathrm{d}r$$

$$= \int_0^1 2i^2\,\mathrm{d}i \int_0^3 \frac{r^3}{9}\,\mathrm{d}r = \frac{3}{2} \text{（V）}$$

5.1.3 条件数学期望

由第 3 章 3.3 节的讨论知道，对二维随机变量 (X, Y)，在其中一个变量固定条件下的条件分布也是一维分布，因此也应有数学期望. 我们把这样的数学期望称为条件数学期望，简称为条件期望.

设 (X, Y) 是二维离散型随机变量，其分布律为

$$P(X = x_i, Y = y_j) = p_{ij}, \ i, j = 1, 2, \cdots$$

则由式（3.21）知，(X, Y) 在 $X = x_i$ 的条件下 Y 的条件分布律为

$$P(Y = y_j \mid X = x_i) = \frac{p_{ij}}{p_{i\cdot}}, j = 1, 2, \cdots$$

由式（3.22）知，(X, Y) 在 $Y = y_j$ 的条件下 X 的条件分布律为

$$P(X = x_i \mid Y = y_j) = \frac{p_{ij}}{p_{\cdot j}}, i = 1, 2, \cdots$$

按数学期望的定义，在 $X = x_i$ 的条件下 Y 的条件期望（在下式级数绝对收敛时）为

$$E(Y \mid X = x_i) = \sum_{j=1}^{\infty} y_j P(Y = y_j \mid X = x_i) = \sum_{j=1}^{\infty} y_j \frac{p_{ij}}{p_{i\cdot}}, \quad i = 1, 2, \cdots$$

$$(5.11)$$

在 $Y = y_j$ 的条件下 X 的条件期望（在下式级数绝对收敛时）为

$$E(X \mid Y = y_j) = \sum_{i=1}^{\infty} x_i P(X = x_i \mid Y = y_j) = \sum_{i=1}^{\infty} x_i \frac{p_{ij}}{p_{\cdot j}}, \quad j = 1, 2, \cdots$$

$$(5.12)$$

同样，根据式（3.23），式（3.24）可知，对以 $f(x, y)$ 为分布密度函数的二维

连续型随机变量 (X, Y), 当 $f_X(x) > 0$ 时, 在 $X = x$ 的条件下 Y 的条件期望 (在下式积分绝对收敛时) 为

$$E(Y \mid X = x) = \int_{-\infty}^{+\infty} y f_{Y\mid X}(y \mid x)\mathrm{d}y = \int_{-\infty}^{+\infty} y \frac{f(x,y)}{f_X(x)}\mathrm{d}y \tag{5.13}$$

当 $f_Y(y) > 0$ 时, 在 $Y = y$ 的条件下 X 的条件期望 (在下式积分绝对收敛时) 为

$$E(X \mid Y = y) = \int_{-\infty}^{+\infty} x f_{X\mid Y}(x \mid y)\mathrm{d}x = \int_{-\infty}^{+\infty} x \frac{f(x,y)}{f_Y(y)}\mathrm{d}x \tag{5.14}$$

由第 3 章 3.3 节知, 条件分布是随机变量 X 与 Y 的相依关系在概率上的完全刻画, 那么, 条件期望则在一个很重要的方面刻画了二者的关系. 以式 (5.13) 为例, 它反映了随着 X 的取值 x 的变化 Y 的平均取值如何变化, 而这常常是研究者所关心的主要问题. 例如, 随着人的身高 X 的变化, 具有身高 x 的那些人的平均体重的变化情况如何; 随着人的受教育年数 x 的变化, 其平均收入的变化情况如何等.

由于条件期望也是期望, 所以条件期望应具有期望所具有的所有性质. 譬如, 若 X, Y, Z 是三个随机变量, k_1, k_2 为任意常数, 则当下面所遇条件期望存在时, 有

$$E(k_1 Y + k_2 Z \mid X = x) = k_1 E(Y \mid X = x) + k_2 E(Z \mid X = x) \tag{5.15}$$

当然, 条件期望也有它特殊的性质.

定理 5.1.4 (条件期望的性质) 设 X, Y 是两相互独立的离散型或连续型随机变量, 则在下面所遇期望存在的情况下, 有

$$E(Y \mid X = x) = E(Y), \quad E(X \mid Y = y) = E(X) \tag{5.16}$$

证 在式 (5.11) 中换条件分布律为无条件分布律即知, 对 $i = 1, 2, \cdots$, 有

$$E(Y \mid X = x_i) = \sum_{j=1}^{\infty} y_j P(Y = y_j \mid X = x_i) = \sum_{j=1}^{\infty} y_j P(Y = y_j) = E(Y)$$

在式 (5.13) 中换条件分布密度函数为无条件分布密度函数即知

$$E(Y \mid X = x) = \int_{-\infty}^{+\infty} y f_{Y\mid X}(y \mid x)\mathrm{d}y = \int_{-\infty}^{+\infty} y f_Y(y)\mathrm{d}y = E(Y)$$

同理可证 $E(X \mid Y = y) = E(X)$.

定理 5.1.4 表明: 在两随机变量相互独立时, 条件期望等于无条件期望.

如果注意到在 $X = x$ 变化时, 条件期望 $E(Y \mid X = x)$ 是随着 x 的变化而变化的函数, 记为 $g(x) = E(Y \mid X = x)$. 因此 $g(X) = E(Y \mid X)$ 作为随机变量 X 的函数, 应该是一个新的一维随机变量, 故可对其求期望. 按期望的定义, 对二维离散型随机变量 (X, Y), 在下面的级数绝对收敛时, 有

$$E[E(Y \mid X)] = E[g(X)]$$

$$= \sum_{i=1}^{\infty} g(x_i) P(X = x_i) = \sum_{i=1}^{\infty} E(Y \mid X = x_i) P(X = x_i)$$

$$= \sum_{i=1}^{\infty} \sum_{j=1}^{\infty} y_j \frac{p_{ij}}{p_{i\cdot}} p_{i\cdot} = \sum_{i=1}^{\infty} \sum_{j=1}^{\infty} y_j p_{ij}$$

$$= \sum_{j=1}^{\infty} y_j \sum_{i=1}^{\infty} p_{ij} = \sum_{j=1}^{\infty} y_j p_{\cdot j} = E(Y)$$

对二维连续型随机变量 (X, Y), 在下面的积分绝对收敛时, 有

$$E[E(Y \mid X)] = E[g(X)] = \int_{-\infty}^{+\infty} g(x) f_X(x)\mathrm{d}x$$

$$= \int_{-\infty}^{+\infty} f_X(x) \, dx \int_{-\infty}^{+\infty} y \cdot \frac{f(x,y)}{f_X(x)} \, dy$$

$$= \int_{-\infty}^{+\infty} y \, dy \int_{-\infty}^{+\infty} f(x,y) \, dx$$

$$= \int_{-\infty}^{+\infty} y f_Y(y) \, dy = E(Y)$$

上面两式表明：无论离散型还是连续型随机变量，均有

$$E[E(Y \mid X)] = E(Y) \tag{5.17}$$

同理可知

$$E[E(X \mid Y)] = E(X) \tag{5.18}$$

我们称 $E[E(Y \mid X)]$ 和 $E[E(X \mid Y)]$ 为条件期望的期望，而式（5.17）和式（5.18）则表明：条件期望的期望等于无条件期望. 这是条件期望的一个很重要的性质. 式（5.17）或式（5.18）的应用场合如下：若随机变量 Y 的数学期望 $E(Y)$ 较难计算，则可找一分布已知的随机变量 X，使得给定 $X = x$ 条件下 $E(Y \mid X = x)$ 容易计算，从而利用 X 的分布通过求级数的和或积分的值得到 $E(Y)$. 下面看一个具体的例子.

例 5.1.14 袋中有编号为 $1, 2, \cdots, n$ 的 n 个球，从中任取一球，若取到 1 号球，则得 1 分并停止取球；若取到 i ($i \geq 2$) 号球，则得 i 分，并将此球放回重新取球，如此下去，求得到的平均分数.

解 记 X 为得到的分数，则 X 的可能取值为

$1, 2+1, 3+1, \cdots, n+1, 2+2+1, 2+3+1, \cdots, 2+n+1, 3+2+1, 3+3+1, 3+4+1, \cdots, 3+n+1, \cdots, n+2+1, \cdots, n+n+1, \cdots$

因为求 X 的分布律较为困难，所以无法直接求 $E(X)$. 令 Y 为第一次取到球的号码，则

$$P(Y = i) = \frac{1}{n}, \quad i = 1, 2, \cdots, n$$

$$E(X \mid Y = 1) = 1$$

$$E(X \mid Y = i) = i + E(X), \quad i = 2, 3, \cdots, n$$

故

$$E(X) = \sum_{i=1}^{n} E(X \mid Y = i) P(Y = i)$$

$$= \frac{1}{n} \{ 1 + [2 + E(X)] + [3 + E(X)] + \cdots + [n + E(X)] \}$$

$$= \frac{n-1}{n} E(X) + \frac{1}{n}(1 + 2 + \cdots + n)$$

解之得

$$E(X) = (1 + 2 + \cdots + n) = \frac{n(n+1)}{2}$$

例 5.1.15 设 $(X, Y) \sim N(\mu_1, \mu_2, \sigma_1^2, \sigma_2^2, \rho)$，求 $E(Y \mid X = x)$ 和 $E(X \mid Y = y)$.

解 由第 3 章 3.3 节知，

$$Y \mid X = x \sim N\left(\mu_2 + \rho \frac{\sigma_2}{\sigma_1}(x - \mu_1), \ \sigma_2^2(1 - \rho^2)\right)$$

$$X \mid Y = y \sim N\left(\mu_1 + \rho \frac{\sigma_1}{\sigma_2}(y - \mu_2), \ \sigma_1^2(1 - \rho^2)\right)$$

故

$$E(Y \mid X = x) = \mu_2 + \rho \frac{\sigma_2}{\sigma_1}(x - \mu_1)$$

$$E(X \mid Y = y) = \mu_1 + \rho \frac{\sigma_1}{\sigma_2}(y - \mu_2)$$

上述公式可辅助公安机关侦破案件. 若 X 和 Y 为我国成年人的身高和足长，则 $E(X \mid Y = y) = \mu_1 + \rho \dfrac{\sigma_1}{\sigma_2}(y - \mu_2)$ 为足长为 y 的成年人的平均身高，通过收集我国成年人的身高和足长数据，利用统计方法可得到 μ_1，μ_2，σ_1，σ_2，ρ 的估计值，我国公安部门得到相应的经验公式为 $E(X \mid Y = y) \approx 6.876y$，这样就可以由犯罪嫌疑人的足长大致推断出其身高，从而为进一步锁定犯罪嫌疑人提供辅助证据.

5.2 方差

5.2.1 方差的概念

数学期望是随机变量的一个重要数字特征，它反映了随机变量取值的平均水平，从一个角度描述了随机变量. 但下面的例子表明，仅仅用数学期望描述随机变量远远不够.

例 5.2.1 在检查一批灯泡的质量时，从中抽取了 10 个灯泡，测得各灯泡的寿命（单位：h）分别为

700，750，750，800，800，800，850，850，900，900

容易算得它们的平均寿命（即数学期望）为 $E(X) = 810$. 假如还有另一批灯泡，测得其中 10 个抽样的寿命分别为

0，300，300，350，350，400，700，1900，1900，1900

则不难求得这批灯泡的平均寿命也为 $E(X) = 810$. 虽然两批灯泡的平均寿命相同，但这两批灯泡的质量却存在着明显的差异：第一批灯泡的寿命较为稳定，基本都在 $700 \sim 900\mathrm{h}$ 之间；而第二批灯泡的寿命很不稳定，虽有少数灯泡的寿命很长，但大部分灯泡的寿命很短，甚至有的根本无法使用. 因此，仅仅由数学期望判定这两批灯泡的质量好坏是远远不够的. 要准确地评定这两批灯泡质量的好坏，还需进一步考察灯泡寿命 X 与数学期望 $E(X) = 810$ 的偏离程度. 若偏离程度较小，则表示质量比较稳定，从这个意义上说，我们认为质量较好. 再比如购买一只股票，若用 Y 表示收益，则投资者只考虑 Y 的数学期望（即平均收益）远远不够，还需要考虑 Y 与数学期望的偏离程度 $E(Y)$. 偏离程度越小，意味着投资风险越小. 由此可见，研究随机变量与其数学期望的偏离程度是十分必要的. 那么，用怎样的量去度量这个偏离程度呢？容易看到，

E（｜$X - E$（X）｜）就能度量随机变量 X 与其数学期望 E（X）的偏离程度. 但由于该式带有绝对值，运算不便，通常用 $E(X - E(X))^2$ 来度量随机变量 X 与其均值 E（X）的偏离程度. 故引入下面的定义.

定义 5.2.1 设 X 是随机变量，若 $E(X - E(X))^2$ 存在，则称 $E(X - E(X))^2$ 为 X 的方差，记为 D（X），即

$$D(X) = E(X - E(X))^2 \tag{5.19}$$

而称与 X 具有相同量纲的量 $\sqrt{D(X)}$ 为 X 的标准差，记为 σ（X）.

按定义，随机变量 X 的方差 D（X）度量了 X 的取值与其数学期望的偏离程度大小. D（X）越小，则 X 的取值越集中；反之，D（X）越大，则 X 的取值越分散，因此，方差 D（X）是衡量 X 取值的分散程度的一个数字特征. 由定义知，方差实际上就是随机变量 X 的函数 $(X - E(X))^2$ 的数学期望. 于是对离散型随机变量，按式（5.5）有

$$D(X) = E(X - E(X))^2 = \sum_{k=1}^{\infty} (x_k - E(X))^2 p_k \tag{5.20}$$

其中 $P(X = x_k) = p_k (k = 1, 2, \cdots)$ 是 X 的分布律.

对于连续型随机变量，按式（5.6）有

$$D(X) = E(X - E(X))^2 = \int_{-\infty}^{+\infty} (x - E(X))^2 f(x) \mathrm{d}x \tag{5.21}$$

其中 f（x）是 X 的分布密度函数.

标准差与它所描述的随机变量有相同的量纲，有时更便于应用，但方差有较好的数学性质，因此更为常用. 不过由于它们的转换很方便，通常都视不同情况择便使用.

在应用中，方差扮演的角色则因学科与题材而异. 在竞技体育中，方差描述了选手竞技水平的稳定性，当比赛赢的希望较大时，应派发挥稳定（方差小）的选手参赛；而当比赛赢的希望较小时，应派发挥不稳定（方差大）的选手参赛，以期选手能有超长发挥而赢得比赛. 在物理学与电信理论中，方差常与能量相联系. 在现代金融学中，以均值表示收益，方差表示风险，所建立起的均值-方差模型，已成为该学科的奠基石，并应用于金融市场的每个角落.

利用数学期望的线性性质得

$$\begin{aligned} D(X) &= E(X - E(X))^2 = E[X^2 - 2E(X)X + E^2(X)] \\ &= E(X^2) - 2E(X)E(X) + E^2(X) \\ &= E(X^2) - E^2(X) \end{aligned} \tag{5.22}$$

在计算中，这个公式甚至比定义更常用.

当然，方差也由概率分布完全确定. 下面计算一些常用分布的方差.

例 5.2.2 设随机变量 $X \sim P$（λ），求 X 的方差 D（X）.

解 X 的分布律为

$$P(X = k) = p_\lambda(k) = \frac{\lambda^k}{k!} \mathrm{e}^{-\lambda}, \quad k = 0, 1, 2, \cdots$$

所以由公式 $\mathrm{e}^\lambda = \sum_{k=0}^{\infty} \frac{\lambda^k}{k!}$ 知

$$E(X^2) = \sum_{k=0}^{\infty} k^2 \cdot \frac{\lambda^k}{k!} e^{-\lambda}$$

$$= \lambda e^{-\lambda} \sum_{k=1}^{\infty} \frac{[(k-1)+1]\lambda^{k-1}}{(k-1)!}$$

$$= \lambda e^{-\lambda} \left[\lambda \sum_{k=2}^{\infty} \frac{\lambda^{k-2}}{(k-2)!} + \sum_{k=1}^{\infty} \frac{\lambda^{k-1}}{(k-1)!} \right]$$

$$= \lambda e^{-\lambda} (\lambda e^{\lambda} + e^{\lambda}) = \lambda^2 + \lambda$$

再由式（5.22）并结合例 5.1.3 的结果 $E(X) = \lambda$，即得

$$D(X) = E(X^2) - E^2(X) = \lambda^2 + \lambda - \lambda^2 = \lambda$$

这样通过例 5.2.2 与例 5.1.3，我们求得了泊松分布 $P(\lambda)$ 的数学期望和方差均为参数 λ. 这一结果表明：泊松分布 $P(\lambda)$ 的数学期望和方差完全决定了泊松分布.

例 5.2.3　设随机变量 $X \sim N(\mu, \sigma^2)$，求 X 的方差 $D(X)$.

解　X 的分布密度函数为

$$f(x) = \frac{1}{\sqrt{2\pi}\sigma} e^{-\frac{(x-\mu)^2}{2\sigma^2}}, \quad -\infty < x < +\infty$$

将上式与例 5.1.6 的结果 $E(X) = \mu$ 代入式（5.21），并作积分变量替换 $\frac{x-\mu}{\sigma} = t$，则得

$$D(X) = \frac{1}{\sqrt{2\pi}\sigma} \int_{-\infty}^{+\infty} (x-\mu)^2 e^{-\frac{(x-\mu)^2}{2\sigma^2}} dx$$

$$\xrightarrow{\frac{x-\mu}{\sigma} = t} \frac{\sigma^2}{\sqrt{2\pi}} \int_{-\infty}^{+\infty} t^2 e^{-\frac{t^2}{2}} dt$$

$$= \frac{\sigma^2}{\sqrt{2\pi}} \left\{ -t e^{-\frac{t^2}{2}} \Big|_{-\infty}^{+\infty} + \int_{-\infty}^{+\infty} e^{-\frac{t^2}{2}} dt \right\}$$

$$= \sigma^2 \int_{-\infty}^{+\infty} \frac{1}{\sqrt{2\pi}} e^{-\frac{t^2}{2}} dt = \sigma^2$$

这样通过例 5.2.3 与例 5.1.6，我们求得了正态分布 $N(\mu, \sigma^2)$ 的数学期望为 μ，方差为 σ^2. 这一结果表明：正态分布 $N(\mu, \sigma^2)$ 的数学期望和方差完全决定了正态分布.

利用同样的方法亦可求得其他几种重要分布的数学期望与方差，其结果见附表1. 附表1列出了概率论与数理统计中常用的几种概率分布及其数学期望与方差.

5.2.2　方差的性质

由于随机变量 X 的方差是由数学期望定义的，所以方差也有类似于期望的一些性质.

方差的性质　设下面所遇随机变量的数学期望和方差均存在，那么，下面结论成立：

（1）设 X 是随机变量，则 $D(X) \geq 0$，若 $X = C$（常数），则

$$D(X) = D(C) = 0$$

（2）设 X 是一个随机变量，C 是常数，则有

$$D(CX) = C^2 D(X)$$

（3）设 X，Y 是两个随机变量，则有

$$D(X \pm Y) = D(X) + D(Y) \pm 2E[(X - E(X))(Y - E(Y))]$$

进一步，若 X 与 Y 相互独立，则有

$$D(X \pm Y) = D(X) + D(Y)$$

证　（1）的结论显然成立；（2）的证明由读者自己完成（习题 5.8）.

下面只证（3）由方差的定义［式（5.19）］及数学期望的性质即可推得

$$
\begin{aligned}
D(X \pm Y) &= E(X \pm Y - E(X \pm Y))^2 \\
&= E[(X - E(X)) \pm (Y - E(Y))]^2 \\
&= E[(X - E(X))^2 + (Y - E(Y))^2 \pm 2(X - E(X))(Y - E(Y))] \\
&= D(X) + D(Y) \pm 2E[(X - E(X))(Y - E(Y))]
\end{aligned}
$$

特别地，当 X 与 Y 相互独立时，有

$$E[(X - E(X))(Y - E(Y))] = E(X - E(X)) E(Y - E(Y)) = 0$$

所以

$$D(X \pm Y) = D(X) + D(Y)$$

5.2.3　切比雪夫不等式

概率论中有许多不等式，下面的切比雪夫不等式是其中最基本和最重要的一个.

定理 5.2.1　设随机变量 X 的数学期望和方差都存在，则对 $\forall \varepsilon > 0$，有

$$P(|X - E(X)| \geqslant \varepsilon) \leqslant \frac{D(X)}{\varepsilon^2} \tag{5.23}$$

或

$$P(|X - E(X)| < \varepsilon) \geqslant 1 - \frac{D(X)}{\varepsilon^2} \tag{5.24}$$

证　设 X 的分布函数为 $F(x)$，则

$$
\begin{aligned}
D(X) = E[X - E(X)]^2 &= \int_{-\infty}^{+\infty} [x - E(X)]^2 \mathrm{d}F(x) \\
&\geqslant \int_{\{x| \ |x - E(X)| \geqslant \varepsilon\}} [x - E(X)]^2 \mathrm{d}F(x) \\
&\geqslant \int_{\{x| \ |x - E(X)| \geqslant \varepsilon\}} \varepsilon^2 \mathrm{d}F(x) = \varepsilon^2 P(|X - E(X)| \geqslant \varepsilon)
\end{aligned}
$$

于是

$$P(|X - E(X)| \geqslant \varepsilon) \leqslant \frac{D(X)}{\varepsilon^2}$$

切比雪夫不等式利用随机变量 X 的数学期望 $E(X)$ 和方差 $D(X)$ 对 X 的概率进行估计. 例如根据式（5.24）可以断言，不管 X 的分布如何，X 落在区间 $(E(X) - \sigma(X)\varepsilon, \ E(X) + \sigma(X)\varepsilon)$ 中的概率均不小于 $1 - \frac{1}{\varepsilon^2}$. 因为切比雪夫不等式只利用数学期望和方差就描述了随机变量的重要情况，因此它在理论研究及实际应用中都很有价值.

从切比雪夫不等式还可以看出，当方差越小时，事件$\{|X-E(X)|\geqslant\varepsilon\}$的概率也越小，从这里可以看出方差是描述随机变量与其期望值偏离程度的一个量，这与我们前面的理解完全一致．

前面已经指出，常数的方差为零，事实上方差为零的随机变量必为常数．利用切比雪夫不等式可对此作出严格证明．

定理 5. 2. 2 设随机变量X的方差存在，则$D(X)=0$的充要条件是$P(X=E(X))=1$，即X几乎处处等于$E(X)$．

证 先证充分性 若$P(X=E(X))=1$，则X服从单点分布，从而
$$D(X)=E(X^2)-E^2(X)=E^2(X)-E^2(X)=0$$

下证必要性．设$D(X)=0$，因为 $\{|X-E(X)|>0\}=\bigcup_{n=1}^{\infty}\left\{|X-E(X)|\geqslant\frac{1}{n}\right\}$

而$A_n=\left\{|X-E(X)|\geqslant\frac{1}{n}\right\}(n=1,2,\cdots)$为单调不减事件列，所以由概率的下连续性得

$$0\leqslant P(|X-E(X)|>0)=\lim_{n\to\infty}P\left(|X-E(X)|\geqslant\frac{1}{n}\right)\leqslant\lim_{n\to\infty}D(X)n^2=0$$

从而 $\qquad P(|X-E(X)|>0)=0$

即 $\qquad P(|X-E(X)|=0)=1$

故 $\qquad P(X=E(X))=1$

5.3 协方差与相关系数

对于二维随机变量(X,Y)，除了讨论X与Y的数学期望和方差之外，还需讨论描述X与Y之间相互关系的数字特征．本节讨论有关这方面的内容．

5.3.1 协方差

在5.2节方差的性质（3）的证明中，我们已经看到，如果随机变量X和Y是相互独立的，则必有
$$E[(X-E(X))(Y-E(Y))]=0$$
这意味着当$E[(X-E(X))(Y-E(Y))]\neq0$时，X与Y不相互独立或存在着一定的关系．为此，我们引入下面的定义．

定义 5. 3. 1 对二维随机变量(X,Y)，若$E[(X-E(X))(Y-E(Y))]$存在，则称$E[(X-E(X))(Y-E(Y))]$为随机变量X与Y的协方差，记为$\mathrm{Cov}(X,Y)$，即
$$\mathrm{Cov}(X,Y)=E[(X-E(X))(Y-E(Y))] \tag{5.25}$$
"协"即"协同"的意思．随机变量X的方差是$X-E(X)$与$X-E(X)$的乘积的数学期望，如今把一个$X-E(X)$换成$Y-E(Y)$，其形式接近方差，又有X,Y二者的参与，由此得出协方差的名称．

若将式（5.25）展开，即有
$$\mathrm{Cov}(X,Y)=E(XY)-E(X)E(Y) \tag{5.26}$$
特别地，当X与Y相互独立时

$$\text{Cov } (X,\ Y)\ =0 \tag{5.27}$$

类似于方差的性质，由协方差的定义亦容易推得协方差的性质.

协方差的性质 设 a，b 是常数，则当下面所遇到的数学期望、方差及协方差均存在时，下面结论成立：

（1）$\text{Cov } (a,\ X)\ =0$；

（2）$\text{Cov } (X,\ X)\ =D\ (X)$；

（3）$\text{Cov } (X,\ Y)\ =\text{Cov } (Y,\ X)$；

（4）$\text{Cov } (aX,\ bY)\ =ab\text{Cov } (X,\ Y)$；

（5）$\text{Cov } (X+Y,\ Z)\ =\text{Cov } (X,\ Z)\ +\text{Cov } (Y,\ Z)$；

（6）$D\ (X\pm Y)\ =D\ (X)\ +D\ (Y)\ \pm 2\text{Cov } (X,\ Y)$.

反复使用协方差的性质（4）和（5）可得

$$\text{Cov}\left(\sum_{i=1}^{m}a_iX_i,\ \sum_{j=1}^{n}b_jY_j\right)\ =\ \sum_{i=1}^{m}\sum_{j=1}^{n}a_ib_j\text{Cov}(X_i,Y_j)$$

其中 X_1，X_2，$\cdots$，X_m，Y_1，Y_2，$\cdots$，Y_n 为随机变量，a_1，a_2，$\cdots$，a_m，b_1，b_2，$\cdots$，b_n 为任意实数.

性质（6）可推广到多个随机变量的场合：设 X_1，X_2，$\cdots$，X_n 为随机变量，则

$$D\left(\sum_{i=1}^{n}X_i\right)\ =\ \sum_{i=1}^{n}D(X_i)\ +2\sum_{i=1}^{n-1}\sum_{j=i+1}^{n}\text{Cov}(X_i,X_j)$$

例 5.3.1 设 X 为一随机变量，其方差为 $D\ (X)$，$Y=a+bX$，其中 a 与 b 均为常数，求 $\text{Cov } (X,\ Y)$.

解 由协方差的性质即得

$\text{Cov } (X,\ Y)\ =\text{Cov } (a+bX,\ X)\ =\text{Cov } (a,\ X)\ +b\text{Cov } (X,\ X)\ =bD\ (X)$

例 5.3.2 在一个有 n 个人参加的晚会上，每个人带了一件礼物，且各人所带礼物都不相同，晚会期间每人从放在一起的 n 件礼物中随机抽取一件，求抽中自己礼物的人数 X 的数学期望和方差.

解 令

$$X_i=\begin{cases}0,\ &\text{第 }i\text{ 个人取到别人的礼物}\\1,\ &\text{第 }i\text{ 个人取到自己的礼物}\end{cases},\ i=1,\ 2,\ \cdots,\ n$$

则 X_1，X_2，$\cdots$，X_n 不独立，但同分布，共同的分布律为

$$P\ (X_i=0)\ =1-\frac{1}{n},\ P\ (X_i=1)\ =\frac{1}{n},\ i=1,\ 2,\ \cdots,\ n$$

于是

$$E\ (X_i)\ =\frac{1}{n},\ D\ (X_i)\ =E\ (X_i^2)\ -E^2\ (X_i)\ =\frac{1}{n}-\frac{1}{n^2}=\frac{1}{n}\left(1-\frac{1}{n}\right),\ i=1,\ 2,\ \cdots,\ n$$

因为 $X\ =\ \sum_{i=1}^{n}X_i$，所以

$$E(X)\ =\ \sum_{i=1}^{n}E(X_i)\ =n\times\frac{1}{n}=1$$

由于 X_1，X_2，$\cdots$，X_n 不独立，故

$$D(X) = D\left(\sum_{i=1}^{n} X_i\right) = \sum_{i=1}^{n} D(X_i) + 2\sum_{i=1}^{n-1}\sum_{j=i+1}^{n} \mathrm{Cov}(X_i, X_j)$$

又因为 $X_i X_j$ 的可能取值为 0, 1, 且

$$P(X_i X_j = 1) = P(X_i = 1, X_j = 1) = P(X_i = 1) P(X_j = 1 \mid X_i = 1) = \frac{1}{n} \times \frac{1}{n-1}$$

所以

$$E(X_i X_j) = 0 \times P(X_i X_j = 0) + 1 \times P(X_i X_j = 1) = \frac{1}{n(n-1)}$$

于是

$$\mathrm{Cov}(X_i, X_j) = E(X_i X_j) - E(X_i) E(X_j) = \frac{1}{n(n-1)} - \frac{1}{n^2} = \frac{1}{n^2(n-1)}$$

故

$$D(X) = \frac{n-1}{n} + 2C_n^2 \frac{1}{n^2(n-1)} = \frac{n-1}{n} + \frac{1}{n} = 1$$

5.3.2 相关系数

定义 5.3.2 设 (X, Y) 为二维随机变量, 且 $D(X) > 0$, $D(Y) > 0$, 则称 $\dfrac{\mathrm{Cov}(X, Y)}{\sqrt{D(X)}\sqrt{D(Y)}}$ 为随机变量 X 与 Y 的相关系数, 记为 ρ_{XY}, 即

$$\rho_{XY} = \frac{\mathrm{Cov}(X, Y)}{\sqrt{D(X)}\sqrt{D(Y)}} \tag{5.28}$$

容易验证, 相关系数就是标准化的随机变量 $\dfrac{X - E(X)}{\sqrt{D(X)}}$ 和 $\dfrac{Y - E(Y)}{\sqrt{D(Y)}}$ 的协方差, 也就是说相关系数可以看成规格化了的协方差, 其优点是排除了量纲的影响, 并且在线性变换下保持不变. 准确地说, 若 $ac > 0$, 则 $aX + b$ 与 $cY + d$ 的相关系数仍然为 ρ_{XY}.

事实上, 由方差和协方差的性质易得

$$\mathrm{Cov}(aX + b, cY + d) = ac\,\mathrm{Cov}(X, Y),\ D(aX + b) = a^2 D(X),\ D(cY + d) = c^2 D(Y)$$

因此当 $ac > 0$ 时,

$$\rho_{aX+b, cY+d} = \frac{ac\,\mathrm{Cov}(X, Y)}{|ac|\sqrt{D(X)}\sqrt{D(Y)}} = \frac{\mathrm{Cov}(X, Y)}{\sqrt{D(X)}\sqrt{D(Y)}} = \rho_{XY}$$

当 $ac < 0$ 时, $\rho_{aX+b, cY+d} = -\rho_{XY}$, 但总有 $|\rho_{aX+b, cY+d}| = |\rho_{XY}|$.

下面我们先引入一个不等式, 然后讨论相关系数的性质.

定理 5.3.1 (柯西-施瓦兹不等式), 对任何随机变量 X 和 Y, 都有

$$|E(XY)|^2 \leqslant E(X^2) E(Y^2)$$

等式成立当且仅当

$$P(Y = t_0 X) = 1$$

其中, t_0 是某一常数.

证 当 $E(X^2) = 0$ 时, 则 $D(X) = 0$, $E(X) = 0$, 从而由定理 5.2.2 知 $P(X = 0) = 1$, 故 $E(XY) = 0$, 不等式成立. 下面证明当 $E(X^2) > 0$ 时, 不等式也成立. 对任意实数 t, 定义 $f(t) = E(tX - Y)^2 = E(X^2) t^2 - 2E(XY) t + E(Y^2)$. 显然,

对一切实数 t，$f(t) \geqslant 0$. 因此，二次方程 $f(t) = 0$ 或者没有实根或者有一个重根. 故判别式

$$4E^2(XY) - 4E(X^2)E(Y^2) \leqslant 0$$

即 $|E(XY)|^2 \leqslant E(X^2)E(Y^2)$. 此外，方程 $f(t) = 0$ 有一个重根 t_0 存在的充要条件是

$$E^2(XY) - E(X^2)E(Y^2) = 0$$

这时 $f(t_0) = E(t_0 X - Y)^2 = 0$，因此

$$D(t_0 X - Y) = 0, \quad E(t_0 X - Y) = 0$$

从而

$$P(t_0 X - Y = 0) = 1$$

即

$$P(Y = t_0 X) = 1$$

由定理 5.3.1 立即可以推出，若随机变量 X 与 Y 的方差都存在，则它们的协方差也存在.

把定理 5.3.1 应用到标准化的随机变量 $\dfrac{X - E(X)}{\sqrt{D(X)}}$ 和 $\dfrac{Y - E(Y)}{\sqrt{D(Y)}}$，可以得到相关系数的如下重要性质：

定理 5.3.2 相关系数 ρ_{XY} 满足不等式

$$|\rho_{XY}| \leqslant 1 \tag{5.29}$$

并且 $\rho_{XY} = 1$ 当且仅当

$$P\left(\frac{X - E(X)}{\sqrt{D(X)}} = \frac{Y - E(Y)}{\sqrt{D(Y)}}\right) = 1 \tag{5.30}$$

而 $\rho_{XY} = -1$ 当且仅当

$$P\left(\frac{X - E(X)}{\sqrt{D(X)}} = -\frac{Y - E(Y)}{\sqrt{D(Y)}}\right) = 1 \tag{5.31}$$

定理 5.3.2 表明，当 $\rho_{XY} = \pm 1$ 时，随机变量 X 与 Y 存在完全（严格）线性关系，这时如果给定一个随机变量的值，另一个随机变量的值便完全决定.

$\rho_{XY} = 1$ 时，称 X 与 Y 完全正相关；$\rho_{XY} = -1$ 时，称 X 与 Y 完全负相关.

有完全线性关系是一个极端，另一个极端则是 $\rho_{XY} = 0$ 的场合. 为此，我们引入定义：

定义 5.3.3 若随机变量 X 与 Y 的相关系数 $\rho_{XY} = 0$，则称 X 与 Y 不相关.

定理 5.3.3 对随机变量 X 与 Y，下列命题等价：

(1) $\mathrm{Cov}(X, Y) = 0$；

(2) X 与 Y 不相关；

(3) $E(XY) = E(X)E(Y)$；

(4) $D(X \pm Y) = D(X) + D(Y)$.

证 由相关系数的定义知 (1) 与 (2) 等价. 因为

$$\mathrm{Cov}(X, Y) = E(XY) - E(X)E(Y)$$

所以 (1) 与 (3) 等价. 又因为

$$D(X \pm Y) = D(X) + D(Y) \pm 2\mathrm{Cov}(X, Y)$$

所以（1）与（4）等价．

独立性和不相关都是随机变量之间相互关系的一种反映，自然希望知道这两个概念之间的联系．首先，由式（5.27）立即可得出如下结论：

定理 5.3.4 若随机变量 X 与 Y 独立，则 X 与 Y 不相关．

由独立性可以推出不相关性，但反过来一般不成立，请看下例．

例 5.3.3 设 θ 服从 $[0, 2\pi]$ 上的均匀分布，$X = \cos(\theta)$，$Y = \cos(\theta + a)$，其中 a 是常数，求 X 与 Y 的相关系数．

解 因为

$$E(X) = \frac{1}{2\pi}\int_0^{2\pi}\cos(t)\,dt = 0, \ E(Y) = \frac{1}{2\pi}\int_0^{2\pi}\cos(t+a)\,dt = 0$$

$$E(X^2) = \frac{1}{2\pi}\int_0^{2\pi}\cos^2(t)\,dt = \frac{1}{2}, \ E(Y^2) = \frac{1}{2\pi}\int_0^{2\pi}\cos^2(t+a)\,dt = \frac{1}{2}$$

$$E(XY) = \frac{1}{2\pi}\int_0^{2\pi}\cos(t)\cos(t+a)\,dt = \frac{1}{2}\cos(a)$$

所以

$$\rho_{XY} = \cos(a)$$

当 $a = 0$ 时，$\rho_{XY} = 1$，$Y = X$
当 $a = \pi$ 时，$\rho_{XY} = -1$，$Y = -X$
}存在完全线性关系

但是，当 $a = \frac{\pi}{2}$ 或 $a = \frac{3\pi}{2}$ 时，$\rho_{XY} = 0$，这时 X 与 Y 不相关．不过，这时却有 $X^2 + Y^2 = 1$，因此 X 与 Y 不独立．

这个例子说明：（1）提供了 $\rho_{XY} = \pm 1$ 之例；（2）提供了 $\rho_{XY} = 0$ 之例；（3）说明不能由不相关性推出独立性；（4）说明即使 X 与 Y 不相关，它们之间也还是可能存在函数关系．

不过，在一种重要的特殊场合——正态分布，不相关性与独立性是等价的．我们先对二维正态分布来讨论这个事实．为此，我们先求二维正态分布的相关系数．由第 3 章 3.2 节知二维正态分布的分布密度函数为

$$f(x, y) = \frac{1}{2\pi\sigma_1\sigma_2\sqrt{1-\rho^2}}\exp\left\{\frac{-1}{2(1-\rho^2)}\left[\frac{(x-\mu_1)^2}{\sigma_1^2} - 2\rho\frac{(x-\mu_1)(y-\mu_2)}{\sigma_1\sigma_2} + \frac{(y-\mu_2)^2}{\sigma_2^2}\right]\right\}$$

$(|x| < +\infty, |y| < +\infty)$

而由协方差定义知

$$\text{Cov}(X,Y) = E[(X-E(X))(Y-E(Y))]$$

$$= \int_{-\infty}^{+\infty}\int_{-\infty}^{+\infty}(x-\mu_1)(y-\mu_2)f(x,y)\,dxdy$$

把分布密度函数 $f(x, y)$ 代入并作积分变量替换

$$\frac{1}{\sqrt{1-\rho^2}}\left(\frac{y-\mu_2}{\sigma_2} - \rho\frac{x-\mu_1}{\sigma_1}\right) = t, \ \frac{x-\mu_1}{\sigma_1} = u$$

注意到这时

$$\frac{-1}{2(1-\rho^2)}\left[\frac{(x-\mu_1)^2}{\sigma_1^2} - 2\rho\frac{(x-\mu_1)(y-\mu_2)}{\sigma_1\sigma_2} + \frac{(y-\mu_2)^2}{\sigma_2^2}\right] = -\frac{u^2+t^2}{2}$$

则有

$$\text{Cov}(X,Y) = \frac{\sigma_1\sigma_2}{2\pi}\int_{-\infty}^{+\infty}\int_{-\infty}^{+\infty}(u^2\rho + ut\sqrt{1-\rho^2})\mathrm{e}^{-\frac{u^2+t^2}{2}}\mathrm{d}u\mathrm{d}t$$

$$= \frac{\rho\sigma_1\sigma_2}{2\pi}\int_{-\infty}^{+\infty}u^2\mathrm{e}^{-\frac{u^2}{2}}\mathrm{d}u\int_{-\infty}^{+\infty}\mathrm{e}^{-\frac{t^2}{2}}\mathrm{d}t$$

$$= \rho\sigma_1\sigma_2$$

又由例 3.2.4 知 (X,Y) 的边缘分布密度函数为

$$f_X(x) = \frac{1}{\sqrt{2\pi}\sigma_1}\mathrm{e}^{-\frac{(x-\mu_1)^2}{2\sigma_1^2}}\quad(\mid x\mid < +\infty)$$

$$f_Y(y) = \frac{1}{\sqrt{2\pi}\sigma_2}\mathrm{e}^{-\frac{(y-\mu_2)^2}{2\sigma_2^2}}\quad(\mid y\mid < +\infty)$$

故知

$$D(X) = \sigma_1^2,\ D(Y) = \sigma_2^2$$

于是 X 与 Y 的相关系数为

$$\rho_{XY} = \frac{\text{Cov}(X,Y)}{\sqrt{D(X)}\sqrt{D(Y)}} = \rho$$

这就是说，在服从参数为 μ_1，μ_2，σ_1，σ_2，ρ 的二维正态分布中，参数 ρ 就是 X 与 Y 的相关系数，因而二维正态分布可由 X 与 Y 各自的数学期望、方差以及它们的相关系数完全确定．

在例 3.4.3 中曾得出结论：对于服从参数为 μ_1，μ_2，σ_1，σ_2，ρ 的二维正态随机变量 (X,Y)，X 与 Y 相互独立的充要条件是参数 $\rho = 0$. 这表明：

定理 5.3.5 对二维正态分布，不相关性与独立性是等价的．

利用特征函数，可以把这个结果推广到多元正态分布的情形，这超出了本书的范围，感兴趣的读者请参考文献 [5]．

不相关性与独立性等价的另一特殊场合是两个二值随机变量．

定理 5.3.6 若 X 与 Y 都是二值随机变量，则不相关性与独立性是等价的．

证 设 X 取二值 a 和 b，Y 取二值 c 和 d，需要证明的是由 $\rho_{XY} = 0$ 可推出 X 与 Y 独立．令 $A = \{X = a\}$，$B = \{Y = c\}$，则 $\overline{A} = \{X = b\}$，$\overline{B} = \{Y = d\}$，从而它们的示性函数为

$$I_A = \frac{X-b}{a-b},\ I_B = \frac{Y-d}{c-d}$$

因为

$$\text{Cov}(I_A, I_B) = E(I_AI_B) - E(I_A)E(I_B) = P(AB) - P(A)P(B)$$

$$D(I_A) = E(I_A)^2 - E^2(I_A) = P(A) - P^2(A) = P(A)P(\overline{A})$$

$$D(I_B) = E(I_B)^2 - E^2(I_B) = P(B) - P^2(B) = P(B)P(\overline{B})$$

所以

$$\rho_{I_AI_B} = \frac{P(AB) - P(A)P(B)}{\sqrt{P(A)P(A)P(B)P(B)}}$$

又因为 I_A 与 I_B 分别为 X 与 Y 的线性变换，且 $\rho_{XY} = 0$，所以 $\rho_{I_AI_B} = 0$，因而 $P(AB) = P(A)P(B)$，即

$$P\ (X = a,\ Y = c)\ = P\ (X = a)\ P\ (Y = c)$$

再由事件对$\{A,\ \overline{B}\}$，$\{\overline{A},\ B\}$及$\{\overline{A},\ \overline{B}\}$的独立性得

$$P\ (X = a,\ Y = d)\ = P\ (X = a)\ P\ (Y = d)$$

$$P\ (X = b,\ Y = c)\ = P\ (X = b)\ P\ (Y = c)$$

$$P\ (X = b,\ Y = d)\ = P\ (X = b)\ P\ (Y = d)$$

这样我们就证明了 X 与 Y 独立.

前面，我们给出了相关系数的定义，并讨论了其性质. 下面，我们从最小二乘的角度进一步对相关系数的含义进行解释. 设有两个随机变量 X 和 Y，现在想用 X 的某一线性函数 $a + bX$ 来逼近 Y，问要选择怎样的常数 a，b，才能使逼近的程度最高？可用 $E\ (\ |Y - (a + bX)|\ )$，或更方便地用

$$r = E\ [\ Y - (a + bX)\ ]^2$$

$$= E\ (Y^2)\ + a^2 + b^2 E\ (X^2)\ + 2abE\ (X)\ - 2aE\ (Y)\ - 2bE\ (XY)$$

来衡量这种逼近的好坏程度. 显然，r 的值越小，则表示逼近的程度越好. 故应选取 a，b，使 r 的值最小. 为此，将 r 分别对 a，b 求偏导，并令它们等于零，得

$$\begin{cases} \dfrac{\partial r}{\partial a} = 2a + 2bE\ (X)\ - 2E\ (Y)\ = 0 \\[2mm] \dfrac{\partial r}{\partial b} = 2bE\ (X^2)\ + 2aE\ (X)\ - 2E\ (XY)\ = 0 \end{cases}$$

解之得唯一的最值可疑点

$$\begin{cases} b = \dfrac{E\ (XY)\ - E\ (X)\ E\ (Y)}{E\ (X^2)\ - E^2\ (X)} = \dfrac{\text{Cov}\ (X,\ Y)}{D\ (X)} \\[4mm] a = E\ (Y)\ - bE\ (X)\ = E\ (Y)\ - \dfrac{\text{Cov}\ (X,\ Y)}{D\ (X)} E(X) \end{cases}$$

又由问题本身知 r 的最小值一定存在，故上面所求得的 a，b 必为 r 的最小值点. 这样求出最佳线性逼近为

$$L\ (X)\ = E\ (Y)\ - \frac{\text{Cov}\ (X,\ Y)}{D\ (X)} E\ (X)\ + \frac{\text{Cov}\ (X,\ Y)}{D\ (X)} X$$

$$= E\ (Y)\ - \frac{\sqrt{D\ (Y)}}{\sqrt{D\ (X)}} \rho_{XY} E\ (X)\ + \frac{\sqrt{D\ (Y)}}{\sqrt{D\ (X)}} \rho_{XY} X \qquad (5.32)$$

这一逼近的剩余为

$$E\ [Y - L\ (X)]^2 = E\left[\ Y - \left(E\ (Y)\ - \frac{\sqrt{D\ (Y)}}{\sqrt{D\ (X)}} \rho_{XY} E\ (X)\ + \frac{\sqrt{D\ (Y)}}{\sqrt{D\ (X)}} \rho_{XY} X\right)\right]^2$$

$$= E\left[\ (Y - E\ (Y))\ - \frac{\sqrt{D\ (Y)}}{\sqrt{D\ (X)}} \rho_{XY}\ (X - E\ (X))\right]^2$$

$$= (1 - \rho_{XY}^2)\ D\ (Y)$$

由此可知，$|\rho_{XY}|$ 越接近 1，剩余越小，说明 $L\ (X)$ 与 Y 的接近程度越好，即 X 与 Y 有线性关系的程度越大. 特别地，当 $|\rho_{XY}|\ = 1$ 时，由定理 5.3.2 知，X 与 Y 之间以概率 1 存在着线性关系，并且当 $\rho_{XY} = 1$ 时正线性相关，$\rho_{XY} = -1$ 时负线性相关. 反之，$|\rho_{XY}|$ 越接近 0，剩余越大，说明 $L\ (X)$ 与 Y 的接近程度越差，即 X 与 Y 有线性

关系的程度越小. 特别地, 当 $\rho_{XY} = 0$ 时, 剩余为 $D(Y)$, 这时 X 的线性作用已毫不存在, 因为仅取一个与 X 无关的常数 $E(Y)$, 已可把 Y 逼近到 $D(Y)$ 的剩余, 因 $D(Y) = E[Y - E(Y)]^2$. 相关系数 ρ_{XY} 的符号的意义也可由式 (5.32) 得到解释: 当 $\rho_{XY} > 0$ 时, $L(X)$ 中 X 的系数大于 0, 即 Y 的最佳逼近 $L(X)$ 随 X 的增加而增加的值, 这就是正向相关; 反之, $\rho_{XY} < 0$ 表示负向相关. 综上所述, 相关系数 ρ_{XY} 是度量 X 与 Y 之间存在 "线性" 关系程度大小的一个数字特征.

5.4 矩与协方差矩阵

5.4.1 原点矩与中心矩

数学期望、方差、协方差是随机变量最常用的数字特征, 它们都是某种矩. 矩是最广泛使用的一种数字特征, 在概率论和数理统计中占有重要地位. 最常用的矩有两种: 一种是原点矩, 另一种是中心矩.

定义 5.4.1 设 X 和 Y 是定义在概率空间 $(\Omega, \mathcal{F}, P)$ 上的随机变量, k, l 为正整数, 那么

若 $E(X^k)$ 存在, 则称 $E(X^k)$ 为 X 的 k 阶原点矩;

若 $E(X - E(X))^k$ 存在, 则称 $E(X - E(X))^k$ 为 X 的 k 阶中心矩;

若 $E(X^k Y^l)$ 存在, 则称 $E(X^k Y^l)$ 为 X 和 Y 的 $k + l$ 阶混合原点矩;

若 $E[(X - E(X))^k (Y - E(Y))^l]$ 存在, 则称 $E[(X - E(X))^k (Y - E(Y))^l]$ 为 X 与 Y 的 $k + l$ 阶混合中心矩.

显然, 数学期望 $E(X)$ 是 X 的 1 阶原点矩, 方差 $D(X)$ 是 X 的 2 阶中心矩, 协方差 $\mathrm{Cov}(X, Y)$ 是 X 和 Y 的 $1 + 1$ 阶混合中心矩.

由于 $|x|^{k-1} \leqslant 1 + |x|^k$, 因此若 X 的 k 阶原点矩 (中心矩) 存在, 则所有低阶原点矩 (中心矩) 都存在.

由于

$$E(X - E(X))^k = \sum_{i=0}^{k} C_k^i (-1)^{k-i} E^{k-i}(X) E(X^i)$$

故中心矩可用原点矩表示; 反之, 由于

$$E(X^k) = E[X - E(X) + E(X)]^k = \sum_{i=0}^{k} C_k^i E^{k-i}(X) E(X - E(X))^i$$

因此当已知数学期望之后, 原点矩也可以通过中心矩给出.

与数学期望的性质类似, 矩有下面的性质.

性质 设 X 和 Y 是两个独立的随机变量, 则当下面所遇到的数学期望都存在时, 有

$$E(X^k Y^l) = E(X^k) E(Y^l) \tag{5.33}$$

$$E[(X - E(X))^k (Y - E(Y))^l] = E(X - E(X))^k E(Y - E(Y))^l \tag{5.34}$$

例 5.4.1 设 X 服从正态分布 $N(\mu, \sigma^2)$, 求它的 k 阶中心矩.

解 由 X 服从正态分布 $N(\mu, \sigma^2)$ 知

$$Y = \frac{X - \mu}{\sigma} \sim N(0, 1)$$

所以

$$E\ (X - E(X))^k = E\ (X - \mu)^k = E(\sigma^k Y^k) = \sigma^k E(Y^k) = \frac{\sigma^k}{\sqrt{2\pi}} \int_{-\infty}^{+\infty} y^k \mathrm{e}^{-\frac{y^2}{2}} \mathrm{d}y$$

对上述积分用分部积分法即可求得

$$E\ (X - E\ (X))^k = \begin{cases} 0, & k=1,\ 3,\ 5,\ \cdots \\ \sigma^k\ (k-1)!!, & k=2,\ 4,\ 6,\ \cdots \end{cases} \tag{5.35}$$

5.4.2　随机矩阵的数学期望与协方差矩阵

下面我们把数学期望的概念推广到随机矩阵的情形.

定义 5.4.2　设随机变量 X_{ij}（$i=1,\ 2,\ \cdots,\ m,\ j=1,\ 2,\ \cdots,\ n$）的数学期望都存在，则称矩阵

$$E\ (\boldsymbol{X})\ = \begin{pmatrix} E\ (X_{11}) & E\ (X_{12}) & \cdots & E\ (X_{1n}) \\ E\ (X_{21}) & E\ (X_{22}) & \cdots & E\ (X_{2n}) \\ \vdots & \vdots & \ddots & \vdots \\ E\ (X_{m1}) & E\ (X_{m2}) & \cdots & E\ (X_{mn}) \end{pmatrix} \tag{5.36}$$

为随机矩阵

$$\boldsymbol{X} = \begin{pmatrix} X_{11} & X_{12} & \cdots & X_{1n} \\ X_{21} & X_{22} & \cdots & X_{2n} \\ \vdots & \vdots & \ddots & \vdots \\ X_{m1} & X_{m2} & \cdots & X_{mn} \end{pmatrix} \tag{5.37}$$

的数学期望（或均值），记为 $E\ (\boldsymbol{X})$.

随机矩阵的期望具有下列性质

定理 5.4.1　设 $\boldsymbol{X}$ 是由式（5.37）定义的 $m \times n$ 阶随机矩阵，$\boldsymbol{A} = (a_{ij})$ 是 $r \times m$ 阶常数矩阵，$\boldsymbol{B} = (b_{ij})$ 是 $n \times s$ 阶常数矩阵，则

$$E\ (\boldsymbol{AXB})\ = \boldsymbol{A}E\ (\boldsymbol{X})\ \boldsymbol{B} \tag{5.38}$$

证　由随机矩阵的数学期望的定义即知

$$E(\boldsymbol{AXB}) = E\Big[\sum_{k=1}^m \sum_{l=1}^n a_{ik}X_{kl}b_{lj}\Big]_{r\times s} = \Big[\sum_{k=1}^m \sum_{l=1}^n a_{ik}E(X_{kl})b_{lj}\Big]_{r\times s} = \boldsymbol{A}E(\boldsymbol{X})\boldsymbol{B}$$

定义 5.4.3　设随机变量 X_i（$i=1,\ 2,\ \cdots,\ n$）的数学期望和两两的协方差都存在，则定义随机向量

$$\boldsymbol{X} = (X_1,\ X_2,\ \cdots,\ X_n)^{\mathrm{T}}$$

的协方差矩阵为

$$D\ (\boldsymbol{X})\ = E[\ (\boldsymbol{X} - E\ (\boldsymbol{X}))\ (\boldsymbol{X} - E\ (\boldsymbol{X}))^{\mathrm{T}}] = [\ \mathrm{Cov}\ (X_i,\ X_j)]_{n\times n}$$

$$= \begin{pmatrix} \mathrm{Cov}(X_1,X_1) & \mathrm{Cov}(X_1,X_2) & \cdots & \mathrm{Cov}(X_1,X_n) \\ \mathrm{Cov}(X_2,X_1) & \mathrm{Cov}(X_2,X_2) & \cdots & \mathrm{Cov}(X_2,X_n) \\ \vdots & \vdots & \ddots & \vdots \\ \mathrm{Cov}(X_n,X_1) & \mathrm{Cov}(X_n,X_2) & \cdots & \mathrm{Cov}(X_n,X_n) \end{pmatrix} \tag{5.39}$$

对于随机向量的协方差矩阵，有

定理 5.4.2（协方差矩阵的性质） 设 $X = (X_1, X_2, \cdots, X_n)^T$ 是 n 维随机向量，$A = (a_{ij})$ 是 $m \times n$ 阶常数矩阵，则有：

（1）（对称性）协方差矩阵 $D(X)$ 为实对称矩阵，即 $D(X) = D(X)^T$；

（2）（运算性质）$D(AX) = AD(X)A^T$；

（3）（非负定性）协方差矩阵 $D(X)$ 为非负定矩阵，即它的特征值都是非负的.

证 （1）由协方差的对称性即知协方差矩阵［式（5.39）］为实对称矩阵.

（2）由协方差矩阵的定义 5.4.3 及定理 5.4.1 即知

$$
\begin{aligned}
D(AX) &= E[(AX - E(AX))(AX - E(AX))^T] \\
&= E[A(X - E(X))(X - E(X))^T A^T] \\
&= AE[(X - E(X))(X - E(X))^T]A^T = AD(X)A^T
\end{aligned}
$$

（3）对任意 n 维列向量 a，在步骤（2）中取 $A = a^T$ 即知

$$a^T D(X) a = D(a^T X) \geq 0$$

这说明二次型 $a^T D(X) a$ 是非负定二次型，从而协方差矩阵 $D(X)$ 是非负定矩阵，亦即它的特征值都是非负的.

由定义 5.4.3 及定理 5.3.5 的推导过程知，二维正态分布 $N(\mu_1, \mu_2, \sigma_1^2, \sigma_2^2, \rho)$ 的协方差矩阵为

$$
\begin{pmatrix} D(X) & \mathrm{Cov}(X, Y) \\ \mathrm{Cov}(Y, X) & D(Y) \end{pmatrix} = \begin{pmatrix} \sigma_1^2 & \rho\sigma_1\sigma_2 \\ \rho\sigma_1\sigma_2 & \sigma_2^2 \end{pmatrix}
$$

如果我们记

$$
Z = \begin{bmatrix} X \\ Y \end{bmatrix}, \quad z = \begin{bmatrix} x \\ y \end{bmatrix}, \quad \mu = \begin{bmatrix} \mu_1 \\ \mu_2 \end{bmatrix}
$$

再注意到 $D(Z)$ 的行列式为 $|D(X)| = \sigma_1^2 \sigma_2^2 (1 - \rho^2)$，$D(X)$ 的逆矩阵为

$$
D(X)^{-1} = \frac{1}{|D(X)|} \begin{pmatrix} \sigma_2^2 & -\rho\sigma_1\sigma_2 \\ -\rho\sigma_1\sigma_2 & \sigma_1^2 \end{pmatrix}
$$

则二维正态分布 $N(\mu_1, \mu_2, \sigma_1^2, \sigma_2^2, \rho)$ 的分布密度函数［式（3.18）］便可表示成简洁的形式

$$
\begin{aligned}
f(z) &= \frac{1}{2\pi\sigma_1\sigma_2\sqrt{1-\rho^2}} \exp\left\{ \frac{-1}{2(1-\rho^2)} \left[\frac{(x-\mu_1)^2}{\sigma_1^2} - 2\rho\frac{(x-\mu_1)(y-\mu_2)}{\sigma_1\sigma_2} + \frac{(y-\mu_2)^2}{\sigma_2^2} \right] \right\} \\
&= \frac{1}{2\pi|D(X)|^{1/2}} \exp\left\{ -\frac{1}{2}[(z-\mu)^T D(X)^{-1} (z-\mu)] \right\}
\end{aligned}
$$

这正是正态分布的分布密度函数的一般写法. 事实上，一般的 n 维正态分布是这样定义的：

定义 5.4.4 若 n 维随机变量 $X = (X_1, X_2, \cdots, X_n)^T$ 的分布密度函数为

$$
f(x) = \frac{1}{(2\pi)^{n/2} \left| \sum \right|^{1/2}} \exp\left\{ -\frac{1}{2} (x-\mu)^T \sum{}^{-1} (x-\mu) \right\} \tag{5.40}
$$

其中 μ 为 n 维常数向量，$\sum$ 为 n 阶正定矩阵，$x = (x_1, x_2, \cdots, x_n)^T$ 为 n 维实值向量，则称 X 的概率分布为 n 维正态分布，并称 X 服从 n 维正态分布，记为 $X \sim N_n(\mu, \sum)$.

n 维正态分布在理论及应用两方面都有重要的作用.

习题 5

5.1 设 X 服从 B $(3, 0.4)$，求 X，X^2 与 X $(X-2)$ 的数学期望及 X 的方差.

5.2 填空题

(1) 设 E (X) $=\mu$，D (X) $=\sigma^2$，则 E $(3X+2)$ $=$ _____，D $(3X+2)$ $=$ _____；

(2) 设 $X \sim U$ $[2, 8]$，则 E (X) $=$ _____，D (X) $=$ _____；

(3) 设 $X \sim B$ $(100, 0.4)$，则 E (X) $=$ _____，D (X) $=$ _____；

(4) 设 E (X) $=4$，D (X) $=5$，则 E (X^2) $=$ _____，D $(-2X)$ $=$ _____；

(5) 设 $X \sim N$ $(2, 3)$，则 E (X^2) $=$ _____，D $(-2X)$ $=$ _____；

(6) 设 C 是常数，则 E $(C+5)$ $=$ _____，D $(C+5)$ $=$ _____．

5.3 已知 E (X) $=3$，D (X) $=5$，求 E $(X+2)^2$.

5.4 已知随机变量 X 与 Y 相互独立，且 D (X) $=8$，D (Y) $=4$，求 D $(2X-Y)$.

5.5 设 X 与 Y 均服从正态分布 N $(1, 2)$ 且 X 与 Y 相互独立，求 D (XY).

5.6 设二维随机变量 (X, Y) 的分布密度函数为

$$f (x, y) = \begin{cases} \dfrac{x+y}{8}, & 0 < x < 2,\ 0 < y < 2 \\ 0, & \text{其他} \end{cases}$$

求 X 的数学期望.

5.7 设 X，Y 相互独立，且分布密度函数分别为

$$f_X (x) = \begin{cases} 3x^2, & 0 < x < 1 \\ 0, & \text{其他} \end{cases} \quad 和 \quad f_Y (y) = \begin{cases} 2e^{-2y}, & y > 0 \\ 0, & y \leqslant 0 \end{cases}$$

求 E (XY).

5.8 设 X 是具有数学期望和方差的连续型随机变量，C 是常数，证明：
$$E (CX) = CE (X), D (CX) = C^2 D (X).$$

5.9 判断下列命题的正确性：

(1) 若 D (X) $=D$ (Y) $=2$ 且 X 与 Y 独立，则 D $(X-Y)$ $=0$. ( )

(2) 若 D (X) $=D$ (Y) $=30$，$\rho_{XY} = 0.4$，则 Cov (X, Y) $=12$. ( )

(3) 若 D (X) $=32$，D (Y) $=23$，则 D $(X+Y)$ $=55$. ( )

5.10 设随机变量 X 与 Y 相互独立，$X \sim N$ $(0, 1)$，$Y \sim N$ $(1, 2)$，又 $Z = X+2Y$，求 X 与 Z 的协方差和相关系数.

5.11 已知 E (X) $=2$，E (Y) $=4$，D (X) $=4$，D (Y) $=9$，$\rho_{XY} = -0.5$，求：

(1) 协方差 Cov (X, Y)；

(2) $Z = 3X^2 - 2XY + Y^2 - 3$ 的数学期望；

(3) $Z = 3X - Y + 5$ 的方差.

5.12 设二维随机变量 (X, Y) 的分布密度函数为

$$f(x, y) = \begin{cases} \dfrac{1}{\pi}, & x^2 + y^2 < 1 \\ 0, & \text{其他} \end{cases}$$

证明：(1) X 与 Y 不相关；(2) X 与 Y 不独立.

5.13 设 X 为一随机变量，方差 $D(X) > 0$，$Y = a + bX$，其中 a 与 b 均为非 0 常数，证明 $\rho_{XY} = \text{sgn}(b)$.

5.14 将一枚硬币重复掷 n 次，以 X 和 Y 分别表示正面向上和反面向上的次数，则 X 和 Y 的相关系数等于（   ）.

（A）-1 （B）0   （C）$\dfrac{1}{2}$ （D）1

5.15 设随机变量 X 的分布密度函数为

$$f(x) = \frac{1}{2} e^{-|x|}, \quad -\infty < x < +\infty$$

（1）求 X 的数学期望 $E(X)$ 和方差 $D(X)$；

（2）求 X 与 $|X|$ 的协方差，并问 X 与 $|X|$ 是否相关？

（3）问 X 与 $|X|$ 是否相互独立？为什么？

5.16 设 X 服从泊松分布 $p(\lambda)$，求 X 的 3 阶中心矩.

5.17 设 X 服从指数分布 $e(\lambda)$，求 X 的 k 阶原点矩.

6 大数定律与中心极限定理

前面各章所叙述的理论都是以随机事件的概率为基础的，而随机事件的概率这个概念的形成则是随机事件频率的稳定性抽象结果．在实践中，人们不仅看到了随机事件频率的稳定性，而且看到了大量测量值的算术平均值也具有稳定性．人们还发现，在随机变量的一切可能的分布中，正态分布占有特殊重要的地位，经常遇到的大量随机变量都服从正态分布．

因此，人们自然要问：随机事件的频率和大量测量值的算术平均值为什么具有稳定性？为什么正态分布如此广泛地存在？应该如何解释大量随机现象中的这一客观规律性？所有这些事实都应由概率论作出理论上的回答．只有这样，概率论才可以作为认识客观世界的有效工具．

本章就在理论上给出这些回答．当然，将要给出的这些理论知识也是学习数理统计课程的基础．

6.1 大数定律

概率论中用来阐明大量随机现象平均值结果的稳定性和事件频率的稳定性的一系列定理统称为大数定律．大数定律揭示了大量随机因素和作用结果的必然性与个别随机事件发生的偶然性之间的辩证关系．在介绍大数定律之前，我们先引入随机变量序列依概率收敛的概念．

6.1.1 依概率收敛

下面我们通过一个例子引入依概率收敛的概念．

设连续不断地抛掷一枚均匀硬币，记

$$X_i = \begin{cases} 0, & \text{第 } i \text{ 次试验出现反面} \\ 1, & \text{第 } i \text{ 次试验出现正面} \end{cases}, \; i = 1, \; 2, \; \cdots$$

则前 n 次出现正面的次数 $S_n = \sum_{i=1}^{n} X_i$ 为随机变量．若一直抛掷下去，则 S_1，S_2，$\cdots$ 形成一个随机变量序列，记为 $\{S_n\}$．

按照频率学派的观点，正面出现的频率 $\dfrac{S_n}{n}$ 应随 n 的增加逐渐稳定到常数 $\dfrac{1}{2}$．那么，如何用数学语言描述 $\dfrac{S_n}{n}$ 稳定到 $\dfrac{1}{2}$？一个自然的想法是用数列极限描述，即

$$\lim_{n \to \infty} \frac{S_n}{n} = \frac{1}{2}$$

但在随机场合，这样定义存在问题．事实上，按照数列极限的定义，上式成立需要对任意 $\varepsilon > 0$，存在正整数 N，使得当 $n \geqslant N$ 时，都有

$$\left| \frac{S_n}{n} - \frac{1}{2} \right| < \varepsilon$$

但事实上，不论 n 有多大，总不能排除 $\dfrac{S_n}{n} = 1$（全正面）或 0（全反面）的可能，这时对 $0 < \varepsilon < \dfrac{1}{2}$，$\left| \dfrac{S_n}{n} - \dfrac{1}{2} \right| < \varepsilon$ 是不能满足的．但是，当 n 很大时，出现全正面（反面），甚至是绝大多数情况出现正面（反面）的概率是很小的，例如 n 次试验中出现全正面（反面）的概率为 $\dfrac{1}{2^n}$．换言之，随着 n 的增加，$\left| \dfrac{S_n}{n} - \dfrac{1}{2} \right|$ 偏大的概率越来越小直至趋于零，这就是依概率收敛的概念．

定义 6.1.1 设 $\{X_n\}$ 是一个随机变量序列，a 是一个常数，如果对任意 $\varepsilon > 0$，都有

$$\lim_{n \to \infty} P \left(|X_n - a| < \varepsilon \right) = 1$$

或

$$\lim_{n \to \infty} P \left(|X_n - a| \geqslant \varepsilon \right) = 0$$

则称 $\{X_n\}$ 依概率收敛于 a，记为 $X_n \xrightarrow{P} a$，$n \to \infty$．

利用依概率收敛的定义可以证明如下结论．

定理 6.1.1 设 $X_n \xrightarrow{P} a$，$n \to \infty$，$Y_n \xrightarrow{P} b$，$n \to \infty$，且 $g(x, y)$ 在 (a, b) 处连续，则 $g(X_n, Y_n) \xrightarrow{P} g(a, b)$，$n \to \infty$．

证 对任意 $\varepsilon > 0$，由于 $g(x, y)$ 在 (a, b) 处连续，故存在 $\delta > 0$，当 $|x - a| < \delta$ 且 $|y - b| < \delta$ 时，有 $|g(x, y) - g(a, b)| < \varepsilon$，由此可得

$$\{|X_n - a| < \delta\} \cap \{|Y_n - b| < \delta\} \subset \{|g(X_n, Y_n) - g(a, b)| < \varepsilon\}$$

于是

$$\{|g(X_n, Y_n) - g(a, b)| \geqslant \varepsilon\} \subset \{|X_n - a| \geqslant \delta\} \cup \{|Y_n - b| \geqslant \delta\}$$

由概率的单调性可得

$$0 \leqslant P \left(|g(X_n, Y_n) - g(a, b)| \geqslant \varepsilon \right) \leqslant P \left(|X_n - a| \geqslant \delta \right) + P \left(|Y_n - b| \geqslant \delta \right)$$

两端令 $n \to \infty$，由 $X_n \xrightarrow{P} a$，$n \to \infty$，$Y_n \xrightarrow{P} b$，$n \to \infty$ 及极限的夹逼准则得

$$\lim_{n \to \infty} P \left(|g(X_n, Y_n) - g(a, b)| \geqslant \varepsilon \right) = 0$$

故

$$g(X_n, Y_n) \xrightarrow{P} g(a, b)，n \to \infty．$$

由定理 6.1.1 可得如下推论：

推论 6.1.1 若 $X_n \xrightarrow{P} a$，$n \to \infty$，$Y_n \xrightarrow{P} b$，$n \to \infty$，则

（1）$X_n \pm Y_n \xrightarrow{P} a \pm b$，$n \to \infty$；

（2）$X_n Y_n \xrightarrow{P} ab$，$n \to \infty$；

（3）$\dfrac{X_n}{Y_n} \xrightarrow{P} \dfrac{a}{b}$ $(b \neq 0)$，$n \to \infty$．

6.1.2　几个常用的大数定律

为了考察大量测量值的算术平均值的稳定性,我们把每次测量看作一次试验,则每次测量结果

$$X_1,\ X_2,\ \cdots$$

都是随机变化的量,因而都是随机变量,而且这些随机变量是相互独立的,设它们分别有数学期望

$$E\ (X_1),\ E\ (X_2),\ \cdots \tag{6.1}$$

且有公共上界的方差,即存在 $K>0$,使

$$D\ (X_i)\ \leqslant K\ (i=1,\ 2,\ \cdots) \tag{6.2}$$

则前 n 次试验结果的算术平均值

$$Y_n\ =\ \frac{1}{n}\sum_{i=1}^{n}X_i \tag{6.3}$$

的期望与方差分别为

$$E(Y_n)\ =\ \frac{1}{n}\sum_{i=1}^{n}E(X_i) \tag{6.4}$$

和

$$D(Y_n)\ =\ \frac{1}{n^2}\sum_{i=1}^{n}D(X_i)\ \leqslant\ \frac{K}{n} \tag{6.5}$$

于是,所谓大量测量值的算术平均值具有稳定性即指:随着试验次数 n 的增加,前 n 次试验的算术平均值 Y_n 逐渐稳定(即方差 $D\ (Y_n)$ 越来越小)于它的期望值 $E\ (Y_n)$. 用概率论语言来说就是,当 n 充分大时,$|Y_n - E\ (Y_n)|$ 很小的概率很大. 若用极限的语言来描述,即是如下定理.

定理 6.1.2(切比雪夫大数定律)　设随机变量序列 $X_1,\ X_2,\ \cdots$ 相互独立且分别有数学期望 [式(6.1)] 及有公共上界的方差 [式(6.2)]. 作前 n 个随机变量的算术平均值 [式(6.3)],则对任意正数 ε,都有

$$\lim_{n\to\infty}P\ (|Y_n - E\ (Y_n)|<\varepsilon)\ =1 \tag{6.6}$$

或

$$\lim_{n\to\infty}P\Big(\Big|\frac{1}{n}\sum_{i=1}^{n}X_i - \frac{1}{n}\sum_{i=1}^{n}E(X_i)\Big|<\varepsilon\Big)=1 \tag{6.7}$$

此时,称随机变量序列 $\{X_n\}$ 服从大数定律.

证　对由式(6.3)构造的 Y_n 应用切比雪夫不等式,则对任意给定的正数 ε,由式(6.4)和式(6.5)可得

$$P\ (|Y_n - E\ (Y_n)|<\varepsilon)\ =1-P\ (|Y_n - E\ (Y_n)|\geqslant\varepsilon)\ \geqslant 1-\frac{D\ (Y_n)}{\varepsilon^2}\geqslant 1-\frac{K}{n\varepsilon^2}$$

在上式中令 $n\to\infty$,并注意到概率不能大于 1,即得

$$\lim_{n\to\infty}P\ (|Y_n - E\ (Y_n)|<\varepsilon)\ =1$$

亦即式(6.6)成立,从而式(6.7)成立.

这个结果在 1866 年被俄国数学家切比雪夫所证明,它是关于大数定律的一个相当

普遍的结论，许多大数定律的古典结果都是它的特例；此外，证明这个定律所用的方法后来称为矩法，也很有创造性，在这基础上发展起来的一系列不等式是研究各种极限定理的有力工具．

切比雪夫大数定律表明：在一定的条件下，当 n 充分大时，经过算术平均以后得到的随机变量 Y_n 的取值是稳定的，并且比较紧密地聚集在它的数学期望 $E(Y_n)$ 附近．或者说，当 $n \to \infty$ 时，前 n 次测量的算术平均值 Y_n 依概率收敛于它的期望值 $E(Y_n)$．

特别指出，在定理 6.1.2 中，若将随机变量序列 $\{X_n\}$ 独立减弱为它不相关，即 $\{X_n\}$ 是由两两不相关的随机变量构成的序列，则定理的结论仍然成立，请读者自行证明这一结论．

马尔科夫（1856—1922）注意到在切比雪夫的论证中，只要条件

$$\lim_{n \to \infty} D(Y_n) = \lim_{n \to \infty} \frac{1}{n^2} D\left(\sum_{i=1}^{n} X_i\right) = 0$$

成立，则随机变量序列 $\{X_n\}$ 一定服从大数定律．

定理 6.1.3（马尔科夫大数定律）　若随机变量序列 $\{X_n\}$ 满足条件

$$\lim_{n \to \infty} \frac{1}{n^2} D\left(\sum_{i=1}^{n} X_i\right) = 0 \tag{6.8}$$

则 $\{X_n\}$ 服从大数定律，即对任意正数 ε，有

$$\lim_{n \to \infty} P\left(\left|\frac{1}{n}\sum_{i=1}^{n} X_i - \frac{1}{n}\sum_{i=1}^{n} E(X_i)\right| < \varepsilon\right) = 1$$

式（6.8）条件称为马尔科夫条件．

切比雪夫大数定律显然可由马尔科夫大数定律推出，更重要的是马尔科夫大数定律已经没有任何关于随机变量独立性的假定．研究相依随机变量序列的大数定律是近代概率论的重要课题之一，但是这已超出我们讨论的范围．

例 6.1.1　设 $\{X_n\}$ 是一个同分布且方差存在的随机变量序列，对任意正整数 n，X_n 只与 X_{n-1} 和 X_{n+1} 相关，而与其余随机变量 X_j（$j \neq n-1, n+1$）不相关，证明 $\{X_n\}$ 服从大数定律．

证　设 $D(X_n) = \sigma^2$，$n = 1, 2, \cdots$，由于

$$
\begin{aligned}
0 \leqslant \frac{1}{n^2} D\left(\sum_{i=1}^{n} X_i\right) &= \frac{1}{n^2}\left[\sum_{i=1}^{n} D(X_i) + 2\sum_{i=1}^{n-1}\sum_{j=i+1}^{n} \mathrm{Cov}(X_i, X_j)\right] \\
&= \frac{\sigma^2}{n} + \frac{2}{n^2}\sum_{i=1}^{n-1} \mathrm{Cov}(X_i, X_{i+1}) \\
&\leqslant \frac{\sigma^2}{n} + \frac{2}{n^2}\sum_{i=1}^{n-1} \left|\mathrm{Cov}(X_i, X_{i+1})\right| \\
&\leqslant \frac{\sigma^2}{n} + \frac{2}{n^2}\sum_{i=1}^{n-1} \sqrt{D(X_i)D(X_{i+1})} \\
&= \frac{\sigma^2}{n} + \frac{2(n-1)\sigma^2}{n^2}
\end{aligned}
$$

在上式中令 $n \to \infty$ 即得

$$\lim_{n \to \infty} \frac{1}{n^2} D\left(\sum_{i=1}^{n} X_i\right) = 0$$

即马尔科夫条件 [式 (6.8)] 成立，故 $\{X_n\}$ 服从大数定律.

切比雪夫大数定律要求随机变量序列 X_1，X_2，⋯ 独立或不相关，并且有公共上界的方差，而马尔科夫大数定律虽然不要求 X_1，X_2，⋯ 独立或不相关，但仍然要求 X_1，X_2，⋯ 的方差存在. 但在 X_1，X_2，⋯ 相互独立且服从同一分布的场合，并不需要随机变量序列的方差存在这一要求，这时可以证明下面的定理.

定理 6.1.4（辛钦大数定律） 设随机变量序列 $\{X_n\}$ 相互独立，服从同一分布，且有数学期望 $E(X_i) = \mu$（$i = 1$，2，⋯），则 $\{X_n\}$ 服从大数定律，即对任意正数 ε，有

$$\lim_{n \to \infty} P\left(\left| \frac{1}{n} \sum_{i=1}^{n} X_i - \mu \right| < \varepsilon \right) = 1$$

由于辛钦大数定律的条件很容易验证，因此在应用中是很重要的.

例 6.1.2 设 $\{X_n\}$ 是独立同分布的随机变量序列，其共同的分布律为

$$P\left(X_n = \frac{2^k}{k^2} \right) = \frac{1}{2^k}, \ k = 1, \ 2, \ \cdots$$

问 $\{X_n\}$ 是否服从大数定律？

解 由于

$$E(X_n) = \sum_{k=1}^{\infty} \frac{2^k}{k^2} \cdot \frac{1}{2^k} = \sum_{k=1}^{\infty} \frac{1}{k^2} = \frac{\pi^2}{6} < +\infty, \ n = 1,2,\cdots$$

故由辛钦大数定律知 $\{X_n\}$ 服从大数定律.

如果我们把定理 6.1.2 中的 X_1，X_2，⋯，X_n 看作 n 重伯努利试验中的各次试验，并视 X_i 为第 i 次试验中事件 A [设 $P(A) = p$] 发生的次数，则由式 (6.3) 定义的 Y_n 便是 n 重伯努利试验中事件 A 发生的频率，即

$$Y_n = \frac{X_1 + X_2 + \cdots + X_n}{n} = \frac{n_A}{n} \tag{6.9}$$

其中 n_A 表示 n 重伯努利试验中事件 A 发生的次数. 又由于这时 X_1，X_2，⋯，X_n 相互独立，均服从 $0 \sim 1$ 分布，并且

$$E(X_i) = p, D(X_i) = p(1-p) \ (i = 1, \ 2, \ \cdots, \ n)$$

所以

$$E(Y_n) = \frac{1}{n} \sum_{i=1}^{n} E(X_i) = \frac{1}{n} \sum_{i=1}^{n} p = p$$

故由定理 6.1.2 知 n 重伯努利试验中事件 A 发生的频率式 (6.9) 依概率收敛于事件 A 的概率 $P(A) = p$. 这样，我们事实上已经证明了另一个大数定律，即伯努利大数定律.

定理 6.1.5（伯努利大数定律） 设 n_A 是 n 重伯努利试验中事件 A 发生的次数，p 为一次试验中事件 A 发生的概率，则对任意正数 ε，有

$$\lim_{n \to \infty} P\left(\left| \frac{n_A}{n} - p \right| < \varepsilon \right) = 1$$

伯努利大数定律说明：当试验在不变的条件下重复进行很多次时，随机事件的频率稳定于它的概率. 这个正确的论断曾经不止一次地在一系列专门的试验中以及大规模的统计工作中得到证实，而伯努利大数定律则以严格的数学形式对此给出了理论上的证明. 因此，在实际应用中，当试验次数很多时，便可用事件 A 发生的频率来代替事件 A

的概率.

如果事件 A 的概率很小，则由伯努利大数定律可知事件 A 发生的频率也一定很小，因此，在实际生活中概率很小的事件在个别试验中几乎是不会发生的. 这一原理称为实际推断原理或小概率事件的实际不可能原理. 如果概率很小的事件在一次试验中竟然发生了，那我们有理由怀疑"概率很小"这一假定的正确性. 这一推断原理正是数理统计中进行统计推断的理论根据. 实际推断原理的另一种说法是：如果随机事件的概率很接近于 1，则可以认为在个别试验中这一事件几乎一定会发生.

必须指出，任何有正概率的随机事件，无论它的概率多么小，总是可能发生的. 因此，小概率事件的不可能原理仅仅适用于个别的或次数极少的试验，当试验次数较多时就不适用了. 例如，假设某工厂生产的 10000 个产品中只有一个废品. 检查产品质量时，如果只从中任取一个产品来检查，则取出废品的概率只是 0.0001，显然是很小的，因此可以说几乎不会发现废品；但是，如果我们逐个地检查每个产品，则总有一次会发现这个废品.

6.2　中心极限定理

在概率论中，我们把有关论证独立随机变量之和的极限分布是正态分布的一系列定理叫作中心极限定理.

为了考察独立随机变量之和的极限分布，我们设随机变量序列 X_1，X_2，$\cdots$ 相互独立，服从同一分布，并有数学期望和方差

$$E(X_i)=\mu,\ D(X_i)=\sigma^2>0 \quad (i=1,2,\cdots) \tag{6.10}$$

则前 n 个随机变量 X_1，X_2，$\cdots$，X_n 之和

$$Y_n=\sum_{i=1}^{n}X_i(n=1,2,\cdots) \tag{6.11}$$

的数学期望与方差为

$$E(Y_n)=\sum_{i=1}^{n}E(X_i)=n\mu \quad (n=1,2,\cdots)$$

$$D(Y_n)=\sum_{i=1}^{n}D(X_i)=n\sigma^2>0 \quad (n=1,2,\cdots)$$

为了研究 Y_n 的极限行为，可以讨论它的分布函数 $P(Y_n\leqslant x)$ 的变化情况. 但是由于随机变量 Y_n 的数学期望与方差都随 n 的增大而成比例增大，因此对固定的实数 x 考虑 $P(Y_n\leqslant x)$ 的极限不会有多大意义，因为它将随 n 的增大而趋于零，所以通常改为研究 Y_n 的标准化随机变量

$$Z_n=\frac{Y_n-E(Y_n)}{\sqrt{D(Y_n)}}=\frac{\sum_{i=1}^{n}X_i-n\mu}{\sigma\sqrt{n}} \tag{6.12}$$

的分布函数

$$P(Z_n\leqslant x)$$

的极限行为，由 Z_n 的分布函数不难求得 Y_n 的分布函数. 显然对每一个正整数 n，标准

化随机变量 Z_n 都无量纲，且有共同的数学期望和方差

$$E(Z_n) = 0, D(Z_n) = 1 \ (n = 1, 2, \cdots) \tag{6.13}$$

中心极限定理就是研究在什么条件下，随机变量序列 $X_1, X_2, \cdots, X_n$ 的前 n 项之和 Y_n 的标准化随机变量 Z_n 的分布函数的极限是标准正态分布的分布函数 $\Phi(x)$．

林德伯格（Lindeberg）和列维（Levi）建立了如下中心极限定理．

定理 6.2.1（林德伯格—列维中心极限定理） 设随机变量序列 $X_1, X_2, \cdots$ 相互独立，服从同一分布，且具有数学期望和方差［式（6.10）］，则当 $n \to \infty$ 时，标准化随机变量［式（6.12）］的分布函数 $F_n(x)$ 的极限是标准正态分布的分布函数 $\Phi(x)$，即对任意实数 x，有

$$\lim_{n \to \infty} F_n(x) = \lim_{n \to \infty} P(Z_n \leqslant x) = \Phi(x) \tag{6.14}$$

或

$$\lim_{n \to \infty} P\left(\frac{\sum_{i=1}^{n} X_i - n\mu}{\sigma \sqrt{n}} \leqslant x \right) = \frac{1}{\sqrt{2\pi}} \int_{-\infty}^{x} e^{-\frac{t^2}{2}} dt \tag{6.15}$$

定理的证明从略．

定理 6.2.1 表明，无论随机变量序列 $X_1, X_2, \cdots$ 服从什么分布，只要它们相互独立，服从同一分布且具有数学期望和方差，那么当 n 充分大时，前 n 项 $X_1, X_2, \cdots, X_n$ 的和就近似地服从正态分布．亦即，我们有下面的定理．

定理 6.2.1′ 设随机变量序列 $X_1, X_2, \cdots$ 相互独立，服从同一分布，且具有数学期望 μ 和方差 $\sigma^2 (\sigma > 0)$，则当 n 充分大时，有

$$\frac{\dfrac{1}{n}\sum_{i=1}^{n} X_i - \mu}{\sigma / \sqrt{n}} = \frac{\sum_{i=1}^{n} X_i - n\mu}{\sigma \sqrt{n}} \underset{\text{近似}}{\sim} N(0,1) \tag{6.16}$$

这时前 n 项的和 $Y_n = \sum_{i=1}^{n} X_i$ 近似服从 $N(n\mu, n\sigma^2)$．

定理 6.2.1 和定理 6.2.1′ 从理论上回答了本章开始提出的另一个问题．它正是为什么在实际生活中许多随机变量都服从正态分布的一个基本原因．例如，在任一指定时刻，一个城市的耗电量是大量用户耗电量的总和；一个物理实验的测量误差是由许多观察不到的、可加的微小误差所合成的．因此，它们都近似地服从正态分布．当 n 很大时，由式（6.16），不难写出与之对应的概率近似计算公式

$$P\left(a < \frac{\sum_{i=1}^{n} X_i - n\mu}{\sigma \sqrt{n}} \leqslant b \right) \approx \Phi(b) - \Phi(a)$$

例 6.2.1 设 $W_1, W_2, \cdots, W_n$ 相互独立且都服从（0，1）上的均匀分布，则由附表 1 知

$$E(W_i) = \frac{1}{2}, D(W_i) = \frac{1}{12}, i = 1, 2, \cdots, n$$

故由定理 6.2.1 知，当 n 比较大时，有

$$Z_n = \frac{\sum\limits_{i=1}^{n} W_i - \dfrac{n}{2}}{\sqrt{\dfrac{n}{12}}} \underbrace{近似}{} N(0,1)$$

例 6.2.2 计算机进行加法计算时，把每个加数取为最接近于它的整数来计算．设所有的舍入误差是相互独立的随机变量，并且都在区间（-0.5，0.5]上服从均匀分布，求 300 个数相加时误差总和的绝对值不超过 10 的概率．

解 设随机变量 X_i 表示第 i 个加数的舍入误差，则 X_i 服从区间（-0.5，0.5]上的均匀分布，并且由附表 1 知

$$E(X_i) = 0, \quad D(X_i) = \frac{1}{12} \quad (i = 1, 2, \cdots, n)$$

于是，由林德伯格—列维中心极限定理式（6.16）知

$$\frac{1}{5}\sum_{i=1}^{300} X_i = \frac{\sum\limits_{i=1}^{300} X_i - 0}{\sqrt{300/12}} \underbrace{近似}{} N(0,1)$$

所以所求概率为

$$P\left(\left|\sum_{i=1}^{300} X_i\right| \le 10\right) = P\left(-2 \le \frac{1}{5}\sum_{i=1}^{300} X_i \le 2\right)$$
$$\approx \Phi(2) - \Phi(-2)$$
$$= 2\Phi(2) - 1 = 0.9544$$

如果我们把定理 6.2.1 中的 $X_1, X_2, \cdots, X_n$ 看作 n 重伯努利试验中的各次试验，并视 X_i 为第 i 次试验中事件 A [设 $P(A) = p$] 发生的次数，则由式（6.11）定义的 Y_n 便服从参数为 n, p 的二项分布 $B(n, p)$．又由于这时

$$E(Y_n) = np, \quad D(Y_n) = np(1-p)$$

将其带入定理 6.2.1 便得到另一个中心极限定理．

定理 6.2.2（棣莫弗—拉普拉斯中心极限定理） 设随机变量 Y_n（$n = 1, 2, \cdots$）服从参数为 n, p（$0 < p < 1$）的二项分布 $B(n, p)$，则对任意实数 x，有

$$\lim_{n\to\infty} P\left(\frac{Y_n - np}{\sqrt{np(1-p)}} \le x\right) = \frac{1}{\sqrt{2\pi}} \int_{-\infty}^{x} \mathrm{e}^{-\frac{t^2}{2}}\mathrm{d}t \tag{6.17}$$

定理 6.2.2 表明，二项分布的极限分布是正态分布．这说明，当 n 充分大时，服从二项分布 $B(n, p)$ 的随机变量近似地服从正态分布．亦即，我们有下面的定理．

定理 6.2.2′ 设 $X \sim B(n, p)$（$0 < p < 1$），则当 n 充分大时，有

$$\frac{(X/n) - p}{\sqrt{p(1-p)/n}} = \frac{X - np}{\sqrt{np(1-p)}} \underbrace{近似}{} N(0, 1) \tag{6.18}$$

这时 X 近似地服从正态分布 $N(np, np(1-p))$．

当 n 很大时，利用正态分布近似计算二项分布 $B(n, p)$ 是非常有效的．这时由式（6.18）不难写出与之相应的概率近似计算公式

$$P\left(a < \frac{X - np}{\sqrt{np(1-p)}} \le b\right) \approx \Phi(b) - \Phi(a)$$

例 6.2.3 某工厂有 200 台同类型的机器，每台机器工作时需要的电功率为 QkW. 由于工艺等原因，每台机器的实际工作时间只占全部工作时间的 75%. 假定各台机器能否正常工作是相互独立的，求

（1）任一时刻有 144～160 台机器工作的概率；

（2）至少需要供应多少电功率才能保证所有机器正常用电的概率不小于 99%？

解 设 X 表示任一时刻正在工作的机器数，则 $X \sim B(n, p)$. 故由棣莫弗-拉普拉斯中心极限定理（或定理 6.2.2'）及 $n = 200$，$p = 0.75$ 知

$$\frac{X - np}{\sqrt{np(1-p)}} = \frac{X - 150}{\sqrt{37.5}} \text{ 近似 } N(0, 1)$$

从而有

（1）任一时刻有 144～160 台机器正在工作的概率为

$$
\begin{aligned}
P(143 < X \leqslant 160) &= P\left(\frac{-7}{\sqrt{37.5}} < \frac{X - 150}{\sqrt{37.5}} \leqslant \frac{10}{\sqrt{37.5}}\right) \\
&\approx \Phi(1.63) - \Phi(-1.14) \\
&= \Phi(1.63) - 1 + \Phi(1.14) \\
&= 0.9484 - 1 + 0.8729 = 0.8213
\end{aligned}
$$

（2）设任一时刻正在工作的机器台数不超过 m，则这时

$$P(X \leqslant m) = P\left(\frac{X - 150}{\sqrt{37.5}} \leqslant \frac{m - 150}{\sqrt{37.5}}\right) \approx \Phi\left(\frac{m - 150}{\sqrt{37.5}}\right)$$

为了使此概率不小于 99%，需要

$$\Phi\left(\frac{m - 150}{\sqrt{37.5}}\right) \geqslant 0.99$$

查表知 $\Phi(2.33) = 0.9901$，所以应有

$$\frac{m - 150}{\sqrt{37.5}} \geqslant 2.33$$

解之得

$$m \geqslant 164.3 \text{ 或 } m \geqslant 165$$

亦即至少需要供应 $165Q$kW 的电功率才能满足需要.

定理 6.2.1 和定理 6.2.2 都在一定条件下说明，当随机变量的个数无限增加时，独立随机变量之和的分布趋于正态分布. 除此之外，李雅普诺夫以及林德伯格等都在更一般的充分条件下成功证明了上述结论. 中心极限定理圆满地回答了本章一开始提出的问题.

在数理统计中我们将会看到，中心极限定理还是大样本统计推断的理论基础.

习题 6

6.1 为了确定事件 A 发生的概率 p，进行了 10000 次重复独立试验. 试用切比雪夫不等式估计：用 A 在 10000 次试验中发生的频率作为概率的近似值时，误差小于 0.01 的概率.

6.2 利用切比雪夫不等式估计随机变量 X 与其期望的差不小于 3 倍标准差的概率.

6.3 设 $\{X_n\}$ 是独立随机变量序列，对所有 $n \geq 1$，$D(X_n)$ 存在且 $\lim\limits_{n \to \infty} \dfrac{D(X_n)}{n} = 0$，证明 $\{X_n\}$ 服从大数定律.

6.4 设 $\{X_n\}$ 是独立随机变量序列，分布律为

$$P\left(X_n = \pm \sqrt{\ln(n)}\right) = \frac{1}{2},\ n = 1,\ 2,\ \cdots,$$

证明 $\{X_n\}$ 服从大数定律.

6.5 设在每次试验中事件 A 发生的概率 $p = 0.75$，试用下面两种方法估计 n 取多大时才能以 90% 的把握保证 n 次重复独立试验中 A 发生的频率在 $0.74 \sim 0.76$ 之间：

（1）利用切比雪夫不等式估计；

（2）利用中心极限定理估计.

6.6 已知一本 300 页的书中每页印刷错误的个数服从泊松分布 $P(0.2)$，求这本书的印刷错误总数不多于 70 个的概率.

6.7 某单位设置一台电话总机，共 200 个分机. 设每个分机有 5% 的时间要使用外线通话，并且各个分机使用外线与否是相互独立的. 问该单位至少需要多少根外线才能保证每个分机要用外线时可供使用的概率达到 90%？

习题参考答案

习题 1

1.1　（1）$\{\omega_1, \omega_2, \omega_3, \omega_4, \omega_5, \omega_6\}$；（2）$\{\omega_2, \omega_4, \omega_6\}$；

（3）$\{\omega_1, \omega_2, \omega_4, \omega_5\}$

1.2　（1）A、B 不都发生；　　　　（2）B 发生而 A 不发生；

（3）A、B 都不发生；　　　　（4）不可能事件.

1.3　（1）(ABC)；　　　　　　　　（2）$(\overline{A}\,\overline{B}\,\overline{C})$；

（3）$(\overline{ABC})$；　　　　　　　　（4）$(A\cup B\cup C)$；

（5）$(BC\cup CA\cup AB)$；　　　　（6）$(A\overline{B}\,\overline{C}+\overline{A}B\overline{C}+\overline{A}\,\overline{B}C)$；

（7）$(\overline{B}\,\overline{C}\cup\overline{A}\,\overline{C}\cup\overline{A}\,\overline{B})$；　　（8）$(A\overline{B}\,\overline{C})$；

（9）$(\overline{A}\,(B\cup C))$.

1.4　略.

1.5　（1）$B-A$；（2）A；（3）$B\cup AC$；（4）AB.

1.6　$P(AB)\leqslant P(A)\leqslant P(A\cup B)\leqslant P(A)+P(B)$.

1.7　$P(AB)=0.2$，$P(\overline{A}B)=0.2$，$P(A-B)=0.1$.

1.8　0.625.

1.9　0.2.

1.10　$P(C)=0.4$，$P(C-A)=0.4$.

1.11　$P(A\cup B)=1$ 时取最小值 0.3.

1.12　（1）$P=\dfrac{C_M^m C_{N-M}^{n-m}}{C_N^n}$；（2）$P=1-\dfrac{C_{N-M}^n}{C_N^n}$.

1.13　0.0054.

1.14　0.5.

1.15　0.0181.

1.16　0.5263.

1.17　0.1811.

1.18　0.0667.

1.19　0.74.

1.20　（1）0.375；（2）0.0625；（3）0.5625.

1.21　0.8793.

1.22　0.25.

1.23　0.2857.

1.24　0.6.

1. 25　0. 2733.

1. 26　0. 9733.

1. 27　0. 25.

1. 28　（1）0. 9231；（2）0. 7500.

1. 29　0. 832.

1. 30　（1）$p_1 = p^3 (2 - p^3)$；（2）$p_2 = p^3 (2 - p)^3$.

　　　由于 $p_1 < p_2$，所以系统（2）较系统（1）可靠.

1. 31　0. 902.

1. 32　0. 458.

习题 2

2. 1　（1）$\{X = 2k \mid k = 1,\ 2,\ \cdots,\ 50\}$；（2）$\{X = 2k - 1 \mid k = 1,\ 2,\ \cdots,\ 50\}$；

　　　（3）$\{X = k \mid k = 10,\ 11,\ \cdots,\ 99\}$.

2. 2　X 的分布函数为 $F(x) = \begin{cases} 0, & x < 0, \\ 0.1, & 0 \leqslant x < 1, \\ 0.3, & 1 \leqslant x < 2, \\ 0.6, & 2 \leqslant x < 3, \\ 1, & x \geqslant 3. \end{cases}$

2. 3　$P(X \leqslant 1) = 0.9$；　　　$P(X = 1) = 0.9 - \sin(1)$；

　　　$P(|X| < 2) = 0.9$；　　$P(|X - 1| \geqslant 1) = 0.1$.

2. 4　（1）（否）原因是 $x > 0$ 时，$F(x)$ 递减；（2）（是）；

　　　（3）（否）原因是 $F(x)$ 在 $x = 0$ 点非右连续.

2. 5　$X \sim \begin{bmatrix} 0 & 1 & 2 & 3 & 4 & 5 \\ 0.5838 & 0.3394 & 0.0702 & 0.0064 & 0.0002 & 0.0000 \end{bmatrix}$.

2. 6　$X \sim \begin{bmatrix} 0 & 1 & 2 & 3 \\ \dfrac{3}{4} & \dfrac{9}{44} & \dfrac{9}{220} & \dfrac{1}{220} \end{bmatrix}$.

2. 7　X 的分布律为 $P(X = k) = p(1 - p)^{k-1}$ $(k = 1,\ 2,\ \cdots)$

2. 8　击中 2 次的可能性最大，且概率为 $P(X = 2) = 0.2965$.

2. 9　$X \sim \begin{bmatrix} 0 & 1 & 2 & 3 & 4 & k > 4 \\ 0.8187 & 0.1638 & 0.0164 & 0.0011 & 0.0001 & \approx 0 \end{bmatrix}$.

在一页上印刷错误不多于 1 个的概率为 $P(X \leqslant 1) = 0.9825$.

　　2. 10　用二项分布计算的结果是 0. 1689，用泊松分布计算的结果是 0. 1680，相对误差为 0. 0053.

　　2. 11　0. 6.

　　2. 12　（1）$A = \dfrac{1}{2}$，$B = \dfrac{1}{\pi}$；（2）$P(-1 < X < 1) = F(1) - F(-1) = \dfrac{1}{2}$；

　　　　　（3）$f(x) = \dfrac{1}{\pi} \cdot \dfrac{1}{1 + x^2}$ $(-\infty < x < +\infty)$.

2.13　（1）$A = \dfrac{1}{2}$；（2）$F(x) = \begin{cases} \dfrac{1}{2}\mathrm{e}^x, & x < 0, \\[2mm] 1 - \dfrac{1}{2}\mathrm{e}^{-x}, & x \geqslant 0. \end{cases}$

2.15　（1）$P(X < 2.2) = 0.7257$；（2）$P(|X-1| \leqslant 1) = 0.3830$；

　　　（3）$P(|X| > 4.56) = 0.0402$.

2.16　$P(\mu - k\sigma < X < \mu + k\sigma) = 2\Phi(k) - 1\ (k = 1, 2, \cdots)$. 也可列表如下：

k	1	2	3	4	5	$k > 5$
$P(\mu - k\sigma < X < \mu + k\sigma)$	0.6926	0.9544	0.9973	0.9999	0.9999	≈ 1

2.17　（1）$F(x)$ 是分布函数；

　　　（2）X 既不是离散型随机变量，也不是连续型随机变量.

习题 3

3.1　不能作为任何二维随机变量的分布函数.

3.2　(X, Y) 的分布律与边缘分布律如下表：

X	Y		$p_i.$
	0	1	
0	$\dfrac{a(a-1)}{(a+b)(a+b-1)}$	$\dfrac{ab}{(a+b)(a+b-1)}$	$\dfrac{a}{a+b}$
1	$\dfrac{ab}{(a+b)(a+b-1)}$	$\dfrac{b(b-1)}{(a+b)(a+b-1)}$	$\dfrac{b}{a+b}$
$p_{\cdot j}$	$\dfrac{a}{a+b}$	$\dfrac{b}{a+b}$	1

3.3　(X, Y) 的分布律与边缘分布律如下表：

X	Y				$p_i.$
	0	1	2	3	
0	$\dfrac{1}{27}$	$\dfrac{3}{27}$	$\dfrac{3}{27}$	$\dfrac{1}{27}$	$\dfrac{8}{27}$
1	$\dfrac{3}{27}$	$\dfrac{6}{27}$	$\dfrac{3}{27}$	0	$\dfrac{12}{27}$
2	$\dfrac{3}{27}$	$\dfrac{3}{27}$	0	0	$\dfrac{6}{27}$
3	$\dfrac{1}{27}$	0	0	0	$\dfrac{1}{27}$
$p_{\cdot j}$	$\dfrac{8}{27}$	$\dfrac{12}{27}$	$\dfrac{6}{27}$	$\dfrac{1}{27}$	1

3.4 $f(x, y) = \begin{cases} \dfrac{1}{\pi ab}, & (x, y) \in D \\ 0, & \text{其他} \end{cases}$

3.5 (1) $A = \dfrac{1}{\pi^2}$, $B = C = \dfrac{\pi}{2}$;

(2) $f(x, y) = \dfrac{6}{\pi^2 (4 + x^2)(9 + y^2)}$;

(3) $P((X, Y) \in D) = \dfrac{1}{4}$.

3.6 (1) $A = 6$;

(2) $F(x, y) = \begin{cases} (1 - e^{-2x})(1 - e^{-3y}), & x > 0, \ y > 0 \\ 0, & \text{其他} \end{cases}$;

(3) 0.9826.

3.7 $f_X(x) = \dfrac{2}{\pi(4 + x^2)}$; $f_Y(y) = \dfrac{3}{\pi(9 + y^2)}$.

3.8 $f_X(x) = \begin{cases} 2e^{-2x}, & x > 0 \\ 0, & x \leqslant 0 \end{cases}$; $f_Y(y) = \begin{cases} 3e^{-3y}, & y > 0 \\ 0, & y \leqslant 0 \end{cases}$.

3.9 $f_X(x) = \dfrac{1}{\sqrt{2\pi}} e^{-\frac{x^2}{2}}$; $f_Y(y) = \dfrac{1}{\sqrt{2\pi}} e^{-\frac{y^2}{2}}$.

3.10 在 $X = 0$ 和 $X = 1$ 的条件下 Y 的条件分布律分别为

$$\begin{bmatrix} 0 & 1 \\ \dfrac{a-1}{a+b-1} & \dfrac{b}{a+b-1} \end{bmatrix}; \quad \begin{bmatrix} 0 & 1 \\ \dfrac{a}{a+b-1} & \dfrac{b-1}{a+b-1} \end{bmatrix}.$$

3.11 在 $Y = 0$ 的条件下 X 的条件分布律和在 $X = 1$ 的条件下 Y 的条件分布律分别为

$$\begin{bmatrix} 0 & 1 & 2 & 3 \\ \dfrac{1}{8} & \dfrac{3}{8} & \dfrac{3}{8} & \dfrac{1}{8} \end{bmatrix}, \quad \begin{bmatrix} 0 & 1 & 2 \\ \dfrac{1}{4} & \dfrac{1}{2} & \dfrac{1}{4} \end{bmatrix}.$$

3.12 (1) 关于 X 与 Y 的两个边缘分布密度函数分别为

$$f_X(x) = \begin{cases} 1 - |x|, & |x| < 1 \\ 0, & \text{其他} \end{cases}$$

$$f_Y(y) = \begin{cases} 1, & 0 < y < 1 \\ 0, & \text{其他} \end{cases}$$

(2) $f_{X|Y}(x \mid y) = \begin{cases} 1, & -y < x < 1 - y, \\ 0, & \text{其他} \end{cases} \quad (0 < y < 1)$

$f_{Y|X}(y \mid x) = \begin{cases} \dfrac{1}{1+x}, & -x < y < 1, \\ 0, & \text{其他} \end{cases} \quad (-1 < x < 0)$

$f_{Y|X}(y \mid x) = \begin{cases} \dfrac{1}{1-x}, & 0 < y < 1 - x, \\ 0, & \text{其他} \end{cases} \quad (0 \leqslant x < 1)$

3.13 在习题 3.2 中的 X 与 Y 不是独立的；若将抽样方式改为放回抽样，则 X 与 Y 独立.

3.14 填入后的表如下：

X	Y				p_i .
	1	2	3	4	
1	$\dfrac{1}{9}$	$\dfrac{1}{12}$	$\dfrac{1}{18}$	$\dfrac{1}{12}$	$\dfrac{1}{3}$
2	$\dfrac{1}{6}$	$\dfrac{1}{8}$	$\dfrac{1}{12}$	$\dfrac{1}{8}$	$\dfrac{1}{2}$
3	$\dfrac{1}{18}$	$\dfrac{1}{24}$	$\dfrac{1}{36}$	$\dfrac{1}{24}$	$\dfrac{1}{6}$
$p \cdot_j$	$\dfrac{1}{3}$	$\dfrac{1}{4}$	$\dfrac{1}{6}$	$\dfrac{1}{4}$	1

3.15 (X, Y) 的分布密度函数为 $f(x, y) = \begin{cases} e^{-2y}, & 0 < x < 2,\ y > 0 \\ 0, & \text{其他} \end{cases}$

3.16 X 与 Y 相互独立，所求概率为
$$P(X > 0.1,\ Y > 0.1) = 0.9048$$

3.17 （1）相互独立，（2）不独立.

3.18 略.

习题 4

4.1 所求函数的分布律为
$$X^2 \sim \begin{bmatrix} 0 & 1 & 4 & 9 \\ 0.216 & 0.432 & 0.288 & 0.064 \end{bmatrix};$$
$$X(X-2) \sim \begin{bmatrix} -1 & 0 & 3 \\ 0.432 & 0.504 & 0.064 \end{bmatrix};$$
$$X(3-X) \sim \begin{bmatrix} 0 & 2 \\ 0.280 & 0.720 \end{bmatrix}.$$

4.2 $f_Y(y) = \begin{cases} \dfrac{1}{2} e^{-\frac{y}{2}}, & y > 0 \\ 0, & y \leqslant 0 \end{cases}$

4.3 $f_X(x) = \dfrac{1}{\pi(1 + x^2)}\ (|x| < +\infty).$

4.4 $f_X(x) = \begin{cases} \dfrac{1}{\pi \sqrt{R^2 - x^2}}, & |x| < R \\ 0, & |x| \geqslant R \end{cases}$

4.5 $f_Y(y) = \begin{cases} \dfrac{2}{\pi \sqrt{1-y^2}}, & 0 \leqslant y < 1 \\ 0, & \text{其他} \end{cases}$.

4.6 $X + Y \sim \begin{bmatrix} -2 & 0 & 1 & 3 & 4 \\ 0.25 & 0.1 & 0.45 & 0.15 & 0.05 \end{bmatrix}$,

$\quad X - Y \sim \begin{bmatrix} -3 & -2 & 0 & 1 & 3 \\ 0.3 & 0.1 & 0.3 & 0.15 & 0.15 \end{bmatrix}$,

$\quad \max(X, Y) \sim \begin{bmatrix} -1 & 1 & 2 \\ 0.25 & 0.1 & 0.65 \end{bmatrix}$,

$\quad \min(X, Y) \sim \begin{bmatrix} -1 & 1 & 2 \\ 0.65 & 0.3 & 0.05 \end{bmatrix}$.

4.7 $f_Z(z) = \begin{cases} e^{1-z} - e^{-z}, & z \geqslant 1 \\ 1 - e^{-z}, & 0 < z < 1 \\ 0, & z \leqslant 0 \end{cases}$.

4.8 $f_Y(y) = \dfrac{1}{8\sqrt{\pi}}[3e^{-\frac{y^2}{4}} + e^{-\frac{(y-1)^2}{4}}], \quad -\infty < y < +\infty$

4.9 $f_Z(z) = \begin{cases} \dfrac{3}{2}(1-z^2), & 0 < z < 1 \\ 0, & \text{其他} \end{cases}$

习题 5

5.1 $E(X) = 1.2$, $\qquad E(X^2) = 2.16$,

$\quad E[X(X-2)] = -0.24$, $D(X) = 0.72$.

5.2 (1) $3\mu + 2$, $9\sigma^2$; (2) 5, 3; (3) 40, 24;

$\quad$ (4) 21, 20; (5) 7, -4; (6) $C+5$, 0.

5.3 30.

5.4 36.

5.5 8.

5.6 $\dfrac{7}{6}$.

5.7 $\dfrac{3}{8}$.

5.8 略.

5.9 (1) $(\times)$; (2) $(\checkmark)$; (3) $(\times)$.

5.10 $\text{Cov}(X, Z) = 1$, $\rho_{XZ} = \dfrac{1}{3}$.

5.11 (1) -3; (2) 36; (3) 63.

5.12 略.

5.13 略.

5.14 (A).

5.15　(1) $E(X)=0$, $D(X)=2$；

　　　(2) Cov$(X,|X|)=0$, $\rho_{X|X|}=0$, X 与 $|X|$ 不相关；

　　　(3) X 与 $|X|$ 不独立，因为 $P(X<1)P(|X|<1)\neq P(X<1,|X|<1)$.

5.16　λ.

5.17　$\dfrac{k!}{\lambda^{k}}$ $(k=1,2,\cdots)$.

习题 6

6.1　所求概率为 $1-p(1-p)\geqslant 0.75$.

6.2　$P(|X-E(X)|\geqslant 3\sqrt{D(X)})\leqslant\dfrac{1}{9}$.

6.3　略.

6.4　略.

6.5　(1) 利用切比雪夫不等式估计：需要 $n\geqslant 18750$.

　　　(2) 利用中心极限定理估计：需要 $n\geqslant 5074$.

6.6　0.9015.

6.7　至少需要 14 根外线.

附　　录

附表1　常用分布及其数学期望与方差表

分布名称	分布律或分布密度函数	数学期望	方差
二项分布 $B(n, p)$	$P(X=k) = C_n^k p^k (1-p)^{n-k}$, $k=0, 1, \cdots, n$	np	$np(1-p)$
泊松分布 $P(\lambda)$	$P(X=k) = \dfrac{\lambda^k}{k!} e^{-\lambda}$, $k=0, 1, 2, \cdots$	λ	λ
几何分布 $G(p)$	$P(X=k) = p(1-p)^{k-1}$, $k=1, 2, \cdots$	$\dfrac{1}{p}$	$\dfrac{1-p}{p^2}$
超几何分布	$P(X=k) = \dfrac{C_M^k C_{N-M}^{n-k}}{C_N^n}$ $n \leqslant N$, $M \leqslant N$, k, n, M, N 为正整数 $\max(0, n-N+M) \leqslant k \leqslant \min(n, M)$	$\dfrac{nM}{N}$	$\dfrac{nM(N-n)}{N(N-1)}\left(1-\dfrac{M}{N}\right)$
均匀分布 $U(a, b)$	$f(x) = \begin{cases} \dfrac{1}{b-a}, & a < x < b \\ 0, & \text{其他} \end{cases}$	$\dfrac{a+b}{2}$	$\dfrac{(b-a)^2}{12}$
指数分布 $e(\lambda)$	$f(x) = \begin{cases} \lambda e^{-\lambda x}, & x > 0 \\ 0, & x \leqslant 0 \end{cases}$	$\dfrac{1}{\lambda}$	$\dfrac{1}{\lambda^2}$
正态分布 $N(\mu, \sigma^2)$	$f(x) = \dfrac{1}{\sqrt{2\pi}\sigma} e^{-\frac{(x-\mu)^2}{2\sigma^2}}$, $|x| < +\infty$	μ	σ^2
χ^2 分布 $\chi^2(n)$	$f(x) = \begin{cases} \dfrac{1}{2^{n/2}\Gamma(n/2)} x^{\frac{n}{2}-1} e^{-\frac{x}{2}}, & x > 0 \\ 0, & x \leqslant 0 \end{cases}$	n	$2n$
t 分布 $t(n)$	$f = \dfrac{\Gamma\left(\dfrac{n+1}{2}\right)}{\sqrt{n\pi}\,\Gamma(n/2)} \left(1 + \dfrac{x^2}{n}\right)^{-\frac{n+1}{2}}$, $|x| < +\infty$	0 $(n > 1)$	$\dfrac{n}{n-2}$ $(n > 2)$
F 分布 $F(n_1, n_2)$	$f = \begin{cases} \dfrac{\Gamma\left(\dfrac{n_1+n_2}{2}\right)\left(\dfrac{n_1}{n_2}\right)^{\frac{n_1}{2}} x^{\frac{n_1}{2}-1}}{\Gamma\left(\dfrac{n_1}{2}\right)\Gamma\left(\dfrac{n_2}{2}\right)\left(1 + \dfrac{n_1}{n_2}x\right)^{\frac{n_1+n_2}{2}}}, & x > 0 \\ 0, & x \leqslant 0 \end{cases}$	$\dfrac{n_2}{n_2-2}$ $(n_2 > 2)$	$\dfrac{2n_2^2(n_1+n_2-2)}{n_1(n_2-2)^2(n_2-4)}$ $(n_2 > 4)$

附表2　泊松分布表

分布律：$p_\lambda(k) = \dfrac{\lambda^k}{k!}e^{-\lambda}$（$k=0, 1, 2, \cdots$）（表中未写数值均近似为0）

λ	k	0	1	2	3	4	5	6	7	8	9
0.1	0	0.9048	0905	0045	0002						
0.2	0	8187	1638	0164	0011	0001					
0.3	0	7408	2222	0333	0033	0003					
0.4	0	6703	2681	0536	0072	0007	0001				
0.5	0	6065	3033	0758	0126	0016	0002				
0.6	0	5488	3293	0988	0918	0030	0004				
0.7	0	4966	3476	1217	0284	0050	0007	0001			
0.8	0	4493	3595	1438	0383	0077	0012	0002			
0.9	0	4066	3659	1647	0494	0111	0020	0003			
1.0	0	3679	3679	1839	0631	0153	0031	0005	0001		
1.5	0	2231	3347	2510	1255	0471	0141	0035	0008	0001	
2.0	0	1353	2707	2707	1804	0902	0361	0120	0034	0009	0002
2.5	0	0821	2052	2565	2138	1336	0668	0278	0099	0031	0009
	10	0002	0001								
3.0	0	0498	1494	2240	2240	1680	1008	0504	0216	0081	0027
	10	0008	0002	0001							
3.5	0	0302	1057	1850	2158	1888	1322	0771	0386	0169	0066
	10	0023	0007	0002	0001						
4.0	0	0183	0733	1465	1954	1954	1563	1042	0595	0298	0132
	10	0053	0019	0006	0002	0001					
4.5	0	0111	0500	1125	1687	1898	1708	1281	0824	0463	0232
	10	0104	0043	0016	0006	0002	0001				
5.0	0	0067	0337	0842	1404	1755	1755	1462	1045	0653	0363
	10	0181	0082	0034	0013	0005	0002	0001			
6.0	0	0025	0149	0446	0892	1339	1606	1606	1377	1033	0688
	10	0413	0225	0113	0052	0022	0009	0003	0001		
7.0	0	0009	0064	0223	0521	0912	1277	1490	1490	1304	1014
	10	0710	0452	0264	0142	0071	0033	0015	0006	0002	0001
8.0	0	0003	0027	0107	0286	0573	0916	1221	1396	1396	1241
	10	0993	0722	0481	0296	0169	0090	0045	0021	0009	0004
	20	0002	0001								
9.0	0	0001	0011	0050	0150	0337	0607	0911	1171	1318	1318
	10	1186	0970	0728	0504	0324	0194	0109	0058	0029	0014
	20	0006	0003	0001							

续表

λ	k	0	1	2	3	4	5	6	7	8	9
10	0		0005	0023	0076	0189	0378	0631	0901	1126	1251
	10	1251	1137	0948	0729	0521	0347	0217	0128	0071	0037
	20	0019	0009	0004	0002	0001					
20	0						0001	0002	0005	0013	0029
	10	0058	0106	0176	0271	0382	0517	0646	0760	0844	0888
	20	0888	0846	0769	0669	0557	0446	0343	0254	0182	0125
	30	0083	0054	0034	0020	0012	0007	0004	0002	0001	0001
30	10		0001	0002	0005	0010	0019	0034	0057	0089	
	20	0134	0192	0261	0341	0426	0511	0590	0655	0702	0726
	30	0726	0703	0659	0599	0529	0453	0378	0306	0242	0186
	40	0139	0102	0073	0051	0035	0023	0015	0010	0006	0004
	50	0002	0001	0001							
40	10									0001	0001
	20	0002	0004	0007	0012	0019	0031	0047	0070	0100	0139
	30	0185	0238	0298	0361	0425	0485	0539	0583	0614	0630
	40	0630	0614	0585	0544	0495	0440	0382	0325	0271	0221
	50	0177	0139	0107	0081	0060	0043	0031	0022	0015	0010
	60	0007	0005	0003	0002	0001	0001				
50	20							0001	0001	0002	0004
	30	0007	0011	0017	0026	0038	0054	0075	0102	0134	0172
	40	0215	0262	0312	0363	0412	0458	0498	0530	0552	0563
	50	0563	0552	0531	0501	0464	0422	0377	0300	0285	0241
	60	0201	0165	0133	0106	0082	0063	0048	0036	0026	0019
	70	0014	0010	0007	0005	0003	0002	0001	0001	0001	

附表3 标准正态分布表

分布函数：$\Phi(x) = \dfrac{1}{\sqrt{2\pi}} \int_{-\infty}^{x} e^{-\frac{t^2}{2}} dt \quad (x \geqslant 0)$

x	0.00	0.01	0.02	0.03	0.04	0.05	0.06	0.07	0.08	0.09
0.0	0.5000	5040	5080	5120	5160	5199	5239	5279	5319	5359
0.1	5398	5438	5478	5517	5557	5596	5636	5675	5714	5753
0.2	5793	5832	5871	5910	5948	5987	6026	6064	6103	6141
0.3	6179	6217	6255	6293	6331	6368	6406	6443	6480	6517
0.4	6554	6591	6628	6664	6700	6736	6772	6808	6844	6879
0.5	6915	6950	6985	7019	7054	7088	7123	7157	7190	7224
0.6	7257	7291	7324	7357	7389	7422	7454	7486	7517	7549

x	0.00	0.01	0.02	0.03	0.04	0.05	0.06	0.07	0.08	0.09
0.7	7580	7611	7642	7673	7703	7734	7764	7794	7823	7852
0.8	7881	7910	7939	7967	7995	8023	8051	8078	8106	8133
0.9	8159	8186	8212	8238	8264	8289	8315	8340	8365	8389
1.0	8413	8438	8461	8485	8508	8531	8554	8577	8599	8621
1.1	8643	8665	8686	8708	8729	8749	8770	8790	8810	8830
1.2	8849	8869	8888	8907	8925	8944	8962	8980	8997	9015
1.3	9032	9049	9066	9082	9099	9115	9131	9147	9162	9177
1.4	9192	9207	9222	9236	9251	9265	9279	9292	9306	9319
1.5	9332	9345	9357	9370	9382	9394	9406	9418	9429	9441
1.6	9452	9463	9474	9484	9495	9505	9515	9525	9535	9545
1.7	9554	9564	9573	9582	9591	9599	9608	9616	9625	9633
1.8	9641	9649	9656	9664	9671	9678	9686	9693	9699	9706
1.9	9713	9719	9726	9732	9738	9744	9750	9756	9761	9767
2.0	9772	9778	9783	9788	9793	9798	9803	9808	9812	9817
2.1	9821	9826	9830	9834	9838	9842	9846	9850	9854	9857
2.2	9861	9865	9868	9871	9875	9878	9881	9884	9887	9890
2.3	9893	9896	9898	9901	9904	9906	9909	9911	9913	9916
2.4	9918	9920	9922	9925	9927	9929	9931	9932	9934	9936
2.5	9938	9940	9941	9943	9945	9946	9948	9949	9951	9952
2.6	9953	9955	9956	9957	9959	9960	9961	9962	9963	9964
2.7	9965	9966	9967	9968	9969	9970	9971	9972	9973	9974
2.8	9974	9975	9976	9977	9977	9978	9979	9979	9980	9981
2.9	9981	9982	9982	9983	9984	9984	9985	9985	9986	9986

x	$\Phi(x)$	x	$\Phi(x)$	x	$\Phi(x)$	x	$\Phi(x)$	x	$\Phi(x)$
3.0	0.998650	3.5	0.999767	4.0	0.999968	4.5	0.9999966	3.72	0.999900
3.1	0.999032	3.6	0.999841	4.1	0.999979	4.6	0.9999979	3.89	0.999950
3.2	0.999313	3.7	0.999892	4.2	0.999987	4.7	0.9999987	4.27	0.999990
3.3	0.999517	3.8	0.999928	4.3	0.999991	4.8	0.9999992	4.42	0.999995
3.4	0.999663	3.9	0.999952	4.4	0.999995	4.9	0.9999995	4.76	0.999999

参 考 文 献

［1］复旦大学数学系．实变数函数论与泛函分析概要［M］．2 版．上海：上海科技出版社，1963．

［2］王梓坤．概率论基础及其应用［M］．北京：科学出版社，1976．

［3］盛骤，谢式千，潘承毅．概率论与数理统计［M］．4 版．北京：高等教育出版社，2008．

［4］陈希孺．概率论与数理统计［M］．合肥：中国科学技术大学出版社，2009．

［5］李贤平．概率论基础［M］．3 版．北京：高等教育出版社，2010．

［6］何书元．概率论［M］．北京：北京大学出版社，2015．

［7］茆诗松，程依明，濮晓龙．概率论与数理统计教程［M］．3 版．北京：高等教育出版社，2019．

［8］魏宗舒，等．概率论与数理统计教程［M］．3 版．北京：高等教育出版社，2020．